Excel
数据可视化

2015

2017

008

U0306958

恒盛杰资讯　编著

一样的数据

Same Data Different Chart

不一样的图表（超值版）

机械工业出版社
China Machine Press

图书在版编目（CIP）数据

Excel 数据可视化：一样的数据不一样的图表：超值版/恒盛杰资讯编著. —北京：机械工业出版社，2017.4

ISBN 978-7-111-56455-3

Ⅰ. ①E… Ⅱ. ①恒… Ⅲ. ①表处理软件 Ⅳ. ① TP391.13

中国版本图书馆 CIP 数据核字（2017）第 065418 号

　　图表是 Excel 的核心功能之一，它入门容易，想要精通却难。本书将来自实践的图表应用精髓总结为一个个小专题，教你对图表进行"精雕细琢"。

　　全书共 11 章，可分为 3 个部分。第 1 部分是图表基础，包括第 1～3 章，主要讲解制作图表前针对数据源进行的处理和优化，并介绍了一些图形化的表格形式，如条件格式和迷你图等。第 2 部分是本书的主要内容，包括第 4～10 章，分门别类地探讨了各类型图表在实际应用中的常见误区。第 3 部分也就是第 11 章，讲解如何站在数据可视化的角度对图表进行优化处理，包括色彩的搭配、象形图的使用，以及如何通过图片和图形来更加生动、形象地呈现数据信息。

　　本书通俗易懂、实例丰富，实用性和可操作性强，非常适合需要进行数据处理与分析的各类人士阅读，同时也适合对 Excel 图表功能的高级应用感兴趣的读者参考。

Excel 数据可视化：一样的数据不一样的图表（超值版）

出版发行：机械工业出版社（北京市西城区百万庄大街 22 号　邮政编码：100037）

责任编辑：杨　倩

印　　刷：北京天颖印刷有限公司　　　　　　版　　次：2017 年 4 月第 1 版第 1 次印刷

开　　本：170mm×242mm　1/16　　　　　　印　　张：14

书　　号：ISBN 978-7-111-56455-3　　　　　定　　价：39.80 元

凡购本书，如有缺页、倒页、脱页，由本社发行部调换

客服热线：（010）88379426　88361066　　　　投稿热线：（010）88379604

购书热线：（010）68326294　88379649　68995259　　读者信箱：hzit@hzbook.com

前　言
PREFACE

　　Excel 不仅是完成数据记录、整理、分析的办公自动化软件，还是数据可视化的优秀工具。在 Excel 的强大功能中，图表可算是"三大元老"之最，它最丰富多彩、最直观简洁、最通俗易懂、最形象美观……而本书就是告诉你如何让图表"千变万化"，其寓意依然"不离其宗"。

内容结构

　　全书共 11 章，可分为 3 个部分。

　　第 1 部分是图表基础，包括第 1 ～ 3 章，主要讲解制作图表前针对数据源进行的处理和优化，并介绍了一些图形化的表格形式，如条件格式和迷你图等。

　　第 2 部分是本书的主要内容，包括第 4 ～ 10 章。这个部分内容按图表的类型划分章节，深入探讨了各种图表在实际应用中的常见误区，引导读者做出更好的选择。

　　第 3 部分也就是第 11 章，讲解如何站在数据可视化的角度对图表进行优化处理，包括色彩的搭配、象形图的使用，以及如何通过图片和图形来更加生动、形象地呈现数据信息。

编写特色

　　本书的特点主要有以下几个方面。

　　●角度新颖：Excel 的图表功能"入门容易、精通很难"。本书不再按部就班地进行泛泛之谈，而是将来自实践的图表应用精髓总结为一个个小专题，融合统计学、应用数学、美学、视觉传达学等进行深度剖析，让看似循规蹈矩的图表在经过一番"精雕细琢"之后，绽放独特的数据之美。

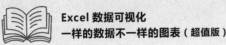

●**实例典型**：书中所列举的实例都是在实际工作中容易让人陷入误区的各种"疑难杂症"，极具典型性和实用性，读者可将其作为模板直接套用。

●**生动活泼**：本书以情景对话的方式引出实际工作中的各种问题，并在"足智多谋"的表姐的指点下一一化解，营造出亲切、轻松的学习氛围。

●**思维导向**：本书不仅对实例给出了有效的解决方案，而且引导读者联系工作中的相似情景，总结出解决某一类问题的思路，在避免"重蹈覆辙"的同时更能"举一反三"。书中还适当穿插了"思维拓展"小栏目，介绍相关知识点，帮助读者增长见识、开阔眼界。

读者对象

本书适用于需要进行数据处理与分析的各类人士，包括：

●从事人力资源、会计与财务、市场营销等工作的专业人员和管理人员；

●希望借助数据分析进行经营和管理决策的企业中高层管理者；

●经常使用 Excel 制作各类报表、图表的用户；

●希望掌握 Excel 图表操作和技巧的用户。

此外，读者应具备一定的计算机操作技能，并掌握了 Excel 的基础知识和基本操作。

再版说明

本书自 2015 年 8 月以全彩印刷方式首次面市后，收获了诸多好评。本次再版，编者修订了书中的疏漏，并以更加超值的黑白印刷方式出版，希望能够满足更多读者的学习需求。

由于编者水平有限，在编写本书的过程中难免有不足之处，恳请广大读者指正批评，除了扫描二维码添加订阅号获取资讯以外，也可加入 QQ 群 158906658 与我们交流。

编者
2017 年 3 月

如何获取云空间资料

⚙ 一、加入微信公众平台

方法一：查询关注微信号

打开微信，在"通讯录"页面点击"公众号"，如图 1 所示，页面会立即切换至"公众号"界面，再点击右上角的十字添加形状，如图 2 所示。

图 1

图 2

然后在搜索栏中输入"epubhome 恒盛杰资讯"并点击"搜索"按钮，此时搜索栏下方会显示搜索结果，如图 3 所示。点击"epubhome 恒盛杰资讯"进入新界面，再点击"关注"按钮就可关注恒盛杰的微信公众平台，如图 4 所示。

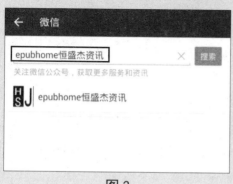

图 3

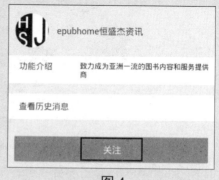

图 4

关注后，页面立即变为如图 5 所示的结果。然后返回到"微信"页中，再点击"订阅号"进入所关注的微信号列表中，如图 6 所示。

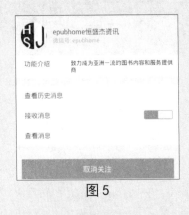

图 5　　　　　　　　　　　　　图 6

方法二：扫描二维码

在微信的"发现"页面中点击"扫一扫"功能，如图 7 所示，页面立即切换至如图 8 所示的画面中，将手机扫描框对准如图 9 所示的二维码即可扫描。其后面的关注步骤与方法一中的一样。

图 7　　　　　　　　　　图 8　　　　　　　　　　图 9

二、获取资料地址

书的背面有一组图书书号，用"扫一扫"功能可以扫出该书的内容简介和售价信息。在微信中打开"订阅号"内的"epubhome 恒盛杰资讯"后，回复本书书号的后 6 位数字（564553），如图 10 所示，系统平台会自动回复该书的实例文件下载地址和密码，如图 11 所示。

图 10 图 11

⚙ 三、下载资料

1. 将获取的地址，输入到 IE 地址栏中进行搜索。

2. 搜索后跳转至百度云的一个页面中，在其中的文本框中输入获取的密码（请注意区分字母大小写），然后单击"提取文件"按钮，如图 12 所示。此时，页面切换至如图 13 所示的界面中，单击实例文件右侧的下载按钮即可。

提示：下载的资料大部分是压缩包，读者可以通过解压软件（如 WinRAR）进行解压。

图 12

图 13

目 录 CONTENTS

第 6 章　按时间或类别显示趋势的折线图

第 7 章　部分占总体比例的饼图

第 8 章　表示分布状态的散点图

Excel 数据可视化
一样的数据不一样的图表（超值版）

第 9 章 侧重点不同的特殊图

第 10 章 灵活多变的动态图表

第 11 章 数据的可视化之美

第 1 章

整理图表背后杂乱无章的数据源

- 数据的提炼
- 数据的清洗
- 抽样产生随机数据

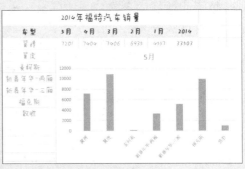

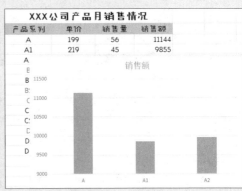

1.1 数据的提炼

我刚刚从市场部收集了一些数据，领导交代我用现有数据做成图表让他看。可是我用这些数据做成的图表看起来乱七八糟的，什么信息也体现不了。表姐，你给我支支招吧？

在制作图表之前首先要做的就是对数据源进行处理，即对数据进行排序、筛选和分类等操作。只有筛选、整理出重要的数据，生成的图表才有实际意义。

我们身处大数据时代，每天都接受着来自外界各地的数据，在以云计算为代表的技术创新大幕的衬托下，这些原本很难收集和使用的数据开始容易被利用起来了，通过各行各业的不断创新，大数据逐步为人类创造更多的价值。

可是，在面对如此浩瀚的数据海洋，我们如何才能从中提炼出有价值的信息呢？

其实，任何一个数据分析人员在做这方面工作时，都是先获得原始数据，然后对原始数据进行整合、处理，再根据实际需要将数据集合。只有这样层层递进才能挖掘原始数据中潜在的商业信息，也只有这样才能掌握目标客户的核心数据，为企业自身创造更多的价值。

在介绍数据提炼前，我们先认识数据集成的含义，数据集成是把不同来源、格式、特点、性质的数据在逻辑上或物理上有机地集中，从而为企业提供全面的数据共享。在 Excel 软件中，它包括数据排序、数据筛选和数据分类汇总。

数据排序

数据筛选

数据分类汇总

类型	**方式**	**要点**
简单排序：升序和降序。复杂排序：设置关键字和次序排序。	自动筛选：按文本、数值、颜色筛选等。高级筛选：设筛选条件。	要对数据进行分类汇总，需要提前将数据进行排序。

数据的排序就是指按一定规则对数据进行整理、排列，为数据的进一步处理做好准备。

 实例 1　2014 年福特汽车销量情况

根据每月记录下的不同车型销量情况，评判 2014 年前 5 个月哪种车型最受大众青睐，以此向更多客户推荐合适的车型。

A	B	C	D	E	F	G
2014年福特汽车销量						
车型	5月	4月	3月	2月	1月	2014
翼虎	7201	7404	7406	6935	4557	33303
翼虎	10901	11393	11102	12107	8922	54425
麦柯斯	225	110	64	74	10	483
新嘉年华-两厢	3344	3220	3243	3758	1897	15462
新嘉年华-三厢	5202	4811	5065	6201	3158	24437
福克斯	9935	10207	10006	11904	10065	52137
致胜	1075	1304	1271	1367	1039	6056

 步骤 01　获取原始数据

这是一份从网站中导入，且经过初始化后的二手数据，从这样的表格中我们可以读出简单的信息。比如，不同车型每月的具体销量。

A	B	C	D	E	F	G
2014年福特汽车销量						
车型	5月	4月	3月	2月	1月	2014
麦柯斯	225	110	64	74	10	483
致胜	1075	1304	1271	1367	1039	6056
新嘉年华-两厢	3344	3220	3243	3758	1897	15462
新嘉年华-三厢	5202	4811	5065	6201	3158	24437
翼搏	7201	7404	7406	6935	4557	33303
福克斯	9935	10207	10006	11904	10065	52137
翼虎	10901	11393	11102	12107	8922	54425

 步骤 02　排序数据

将月份销量进行升序排列，即选定 G3 单元格，然后在"数据"选项卡下的"排序和筛选"组中单击"升序"按钮，数据将自动按从小到大排列。

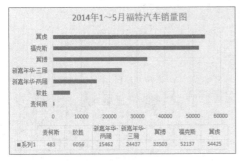

 步骤 03　制作图表

先选取 A3:A9 单元格区域，然后按住 Ctrl 键同时选取 G3:G9 单元格区域，在"插入"选项卡下插入图表，接着选择簇状条形图，系统就按数据排列的顺序生成有规律的图表。

哦！原来我从市场部获得的是一些凌乱的数据，应该进行细心的处理，难怪我用同样的方法制作的图表结果却是一些参差不齐的条块。不能像这样一眼就看出不同车型的销售情况。

自动筛选一般用于简单的条件筛选，筛选时将不满足条件的数据暂时隐藏起来，只显示符合条件的。高级筛选一般用于条件较复杂的筛选操作，其筛选的结果可显示在原数据表格中，可以在新的位置显示筛选结果，不符合条件的记录同时保留在数据表中而不会被隐藏起来。

实例 2　产品月销售情况

统计某月不同系列的产品的月销量和月销售额，观察销售额在 25000 以上的产品系列。在保证不亏损的情况下，扩展产品系列的市场。

步骤 01　统计月销售数据

将产品的销售情况按月份记录下来，然后抽取某月的销售数据来调研。

XXX公司产品月销售情况			
产品系列	单价	销售量	销售额
A	199	56	11144
A1	219	45	9855
A2	249	40	9960
B	255	102	26010
B1	288	85	24480
B2	333	76	25308
C	308	88	27104
C1	328	71	23288
C2	358	66	23628
D	399	76	30324
D1	425	55	23375
D2	465	39	18135

步骤 02　筛选数据

利用自动筛选功能下的数字筛选，从其下拉菜单中选择大于等于条件，设置筛选条件为大于等于 25000。

	A	B	C	D
	XXX公司产品月销售情况			
	产品系列	单价	销售量	销售额
	B	255	102	26010
	B2	333	76	25308
	C	308	88	27104
	D	399	76	30324

步骤03　制作图表

将筛选出的产品系列和销售额数据生成图表，系统默认结果大于等于25000的产量系列，这样公司领导就可以只针对满足条件的产品进行分析。

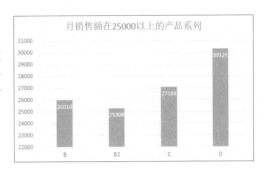

这样筛选后的数据简单又精练，最主要的是制作成的图表也显得干净利落，还抓住了领导想要的重要数据。

在对数据进行分类汇总前必须确保分类的字段是按照某种顺序排列的，如果分类的字段杂乱无序，分类汇总将会失去意义。

实例3　公司货物运输费情况表

假设总公司从库房向成华区、金牛区和锦江区的分店运送货物，记录下在运输的过程中产生的汽车运输费和人工搬运费，通过分类汇总制作三个分店的运输费对比图。

商品编码	送达店铺	汽车运输费	人工搬运费
Jk 001	成华店	650	200
Jk 003	成华店	650	300
Jk 006	成华店	650	180
Jk 002	成华店	650	230
Jk 008	成华店	650	380
Jk 001	金牛店	600	260
Jk 008	金牛店	600	220
Jk 003	金牛店	600	200
Jk 006	金牛店	600	195
Jk 002	金牛店	600	160
Jk 004	金牛店	600	260
Jk 006	锦江店	700	340
Jk 001	锦江店	700	180

步骤01　排序关键字

在"数据"选项卡下单击"排序和筛选"组中的"排序"按钮，打开"排序"对话框。然后设置"送达店铺"关键字按"升序"排序。

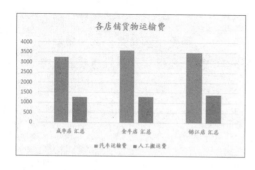

		A	B	C	D
	1		XXXX公司货物运输费		
	2	商品编码	送达店铺	汽车运输费	人工搬运费
	3	Jk 001	成华店	630	200
	4	Jk 005	成华店	630	300
	5	Jk 006	成华店	630	180
	6	Jk 002	成华店	630	230
	7	Jk 008	成华店	630	380
	8		成华店 汇总	3230	1290
	9	Jk 001	金牛店	600	260
	10	Jk 005	金牛店	600	220
	11	Jk 008	金牛店	600	200
	12	Jk 006	金牛店	600	193
	13	Jk 002	金牛店	600	160
	14	Jk 004	金牛店	600	260
	15		金牛店 汇总	3600	1293
	21		锦江店 汇总	3500	1405
	22		总计	10350	3990

步骤02　分类汇总

同样在"数据"选项卡下，单击"分级显示"组中的"分类汇总"按钮，打开"分类汇总"对话框。然后设置分类字段为"送达店铺"，汇总方式为"求和"，在"选定汇总项"列表中勾选"汽车运输费"和"人工搬运费"。

各店铺货物运输费

步骤03　制作图表

单击分类汇总后按左上角的级别"2"按钮，选取各地区的汇总结果生成柱状图表。图表中显示了各地区的汽车运输费和人工搬运费对比情况。

在制作图表前想过排序，但没想到利用分类汇总功能可以这么方便、快速地达到如此好的效果。分类汇总功能不仅在统计数据时可以快速地分析数据，原来在制作图表时还有如此不可替代的作用。

1.2　数据的清洗

上周我做了一份月度统计图给我们主任看，今早就被叫到办公室洗脑了。也不知道是谁统计的这份表，里面有很多重复数据，让我做出的图失去真实性，还无辜地被批。

你确实应该被洗脑了，但是你在洗脑前还是先清洗清洗你的数据吧！你要记住，任何原始数据都是需要加工处理的，这其中就包括对数据的清洗和精简。

对于一份庞大的数据来说，无论是手动录制还是从外部获取，难免会出现无效值、重复值、缺失值等情况。在 Excel 2007 以前的版本中，想要删除或更正这些不符合要求的数据，需要先将其筛选出来，之后再批量删除或修改，是一项很繁重的工程。随着 Microsoft Excel 组件的不断更新，功能的适应性也越来越高，对于这种常见的问题也有了新的处理方法，如批量删除重复值。

不符合要求的数据主要有缺失的数据、错误的数据、重复的数据三大类。面对这样的数据，就需要进行清洗，还包括数据一致性的检查，将其更正为有实际意义的数据。

缺失的数据

错误的数据

重复的数据

这一类数据主要是一些应该有的信息缺失了，如供应商的名称、分公司的名称、客户的区域信息缺失，业务系统中主表与明细表不能匹配等。

这一类错误产生的原因是业务系统不够健全，在接收输入后没有进行判断直接写入后台数据库造成的，比如数值数据输成全角字符、日期格式不正确、日期越界等。

重复数据的产生一般是因为时间段过长，忘记前期所做记录，后期又重复记录；或是同一工作任务被不同的执行者执行，导致相同的数据产生；或是在数据处理过程中产生重复数据。

想要清除这些有缺陷的数据，就需要根据它们的类型从不同角度进行操作，如填补遗漏的数据、消除异常值、纠正不一致的数据等。

在实际的数据收集中，数据项的缺失是很常见的。比如工作人员因为疏忽在统计数据时漏写了某个时期内的数据，或者是人为原因导致在某些时间段内传感器无法正常工作等，这些都会造成数据项的缺失。

实例 4　寻找误删的数据

有一张员工表，第一列为员工编号，后面为员工信息。员工离职后就直接删除了该员工信息所在行，结果现在的员工编号不完整。比如被删除的 AE104、AE109、AE112，怎样添加这些缺失的员工编号呢？

员工编码	姓名	性别	所属部门	联系电话	居住地址
AE101	黄岩	男	市场部	135364521xx	讨喜路1号
AE102	朱海	男	市场部	187157463xx	光华大道16号
AE103	陈家	男	企划部	182498755xx	玉林街290号
AE105	李东林	男	企划部	187932147xx	玉林路29号
AE106	郭子睿	男	市场部	186025806xx	渐陵西路334号
AE107	王宵	男	企划部	189156200xx	文武东路口12号
AE108	杨琼	女	行政部	187009854xx	西亚西路490号
AE110	阿其斐	女	财务部	158450110xx	人民东路235号
AE111	沛泽宇	男	人事部	187465201xx	川陕路46号
AE113	项弼	男	人事部	186492010xx	五路口北340号
AE114	袁进	男	企划部	187091837xx	焙火路69号
AE115	王靓	女	人事部	186467982xx	奇谭路86号

🖱 步骤 01　不完整的员工编码

这是一份某公司员工基本信息表格，其中由于员工离职，就将离职人员信息所在行删除，从而导致了现有员工编码不完整现象。

居住地址1		员工编码	姓名
讨喜路1号		=IF(COUNTIF(A:A,H2),VLOOKUP(H2,A:B,2,),"")	
光华大道16号		AE102	
玉林街290号		AE103	
玉林路29号		AE104	
渐陵西路334号		AE105	
文武东路口12号		AE106	
西亚西路490号		AE107	
人民东路235号		AE108	
川陕路46号		AE109	
五路口北340号		AE110	

🖱 步骤 02　寻找被删除的数据

为了体现员工编码的连续性，在 H 列重新输入连续的员工编码，然后在 I2 单元格中输入公式：

"=IF(COUNTIF(A:A,H2),VLOOKUP(H2,A:B,2,),"")"。

员工编码	姓名	性别	所属部门	居住地址	员工编码	姓名
AE101	黄岩	男	市场部	讨喜路1号	AE101	黄岩
AE102	朱海	男	市场部	光华大道16号	AE102	朱海
AE103	陈家	男	企划部	玉林街290号	AE103	陈家
AE105	李东林	男	企划部	玉林路29号	AE104	
AE106	郭子睿	男	市场部	渐陵西路334号	AE105	李东林
AE107	王宵	男	企划部	文武东路口12号	AE106	郭子睿
AE108	杨琼	女	行政部	西亚西路490号	AE107	王宵
AE110	阿其斐	女	财务部	人民东路235号	AE108	杨琼
AE111	沛泽宇	男	人事部	川陕路46号	AE109	
AE113	项弼	男	人事部	五路口北340号	AE110	阿其斐
AE114	袁进	男	企划部	焙火路69号	AE111	沛泽宇
AE115	王靓	女	人事部	奇谭路86号	AE112	
					AE113	项弼
					AE114	袁进
					AE115	王靓

🖱 步骤 03　填充单元格

填充单元格，可以看出 I 列中的空白单元格就是被删除的员工编码。上述步骤就是利用复合函数来查找编码不存在的项，即所对应的空白单元格。

在输入公式的时候经常会出现一些错误的信息，这些错误值通常是因为公式不能正确地计算结果或公式引用的单元格有错误造成的。下面列出 Excel 中错误值的类型、产生的原因及解决方法。

错误值类型	原　因	解决方法
#####	1.单元格所含的数字、日期或时间比单元格宽 2.单元格的日期时间公式产生负值	1.增加列宽 2.应用不同的数字格式 3.保证日期和时间公式的正确
#DIV/0!	1.在公式中，除数使用了指向空单元格或包含零值单元格的单元格引用（在Excel中如果运算对象是空白单元格，Excel将此空值当作零值） 2.输入的公式中包含明显的除数零	1.修改单元格引用，或者在用作除数的单元格中输入不为零的值 2.将零改为非零值
#N/A	函数或公式中没有可用数值时，会产生"#N/A"类错误值	如果工作表中某些单元格暂时没有数值，请在这些单元格中输入"#N/A"，公式在引用这些单元格时，将不进行数值计算，而是返回#N/A
#NAME?	1.删除了公式中使用的名称，或者使用了不存在的名称 2.名称的拼写错误 3.在公式中使用标志 4.在公式中输入文本时没有使用双引号 5.在区域的引用中缺少冒号	1.确认使用的名称确实存在 2.修改拼写错误的名称 3.在"工作簿"选项下，设置"接受公式标志" 4.将公式中的文本括在双引号中 5.确认公式中，使用的所有区域引用都使用冒号
#NUM!	1.在需要数字参数的函数中使用了不能接受的参数 2.使用了迭代计算的工作表函数 3.由公式产生的数字太大或太小，Excel不能表示	1.确认函数中使用的参数类型正确无误 2.为工作表函数使用不同的初始值 3.修改公式，使其结果在有效数字范围内
#VALUE!	1.在需要数字或逻辑值时输入了文本，Excel不能将文本转换为正确的数据类型 2.将单元格引用、公式或函数作为数组常量输入 3.赋予需要单一数值的运算符或函数一个数值区域	1.确认公式或函数所需的运算符或参数正确，并且公式引用的单元格中包含有效的数值 2.确认数组常量不是单元格引用、公式或函数 3.将数值区域改为单一数值。修改数值区域，使其包含公式所在的数据行或列
#REF!	删除了由其他公式引用的单元格，或将移动单元格粘贴到由其他公式引用的单元格中	更改公式或者在删除或粘贴单元格之后，立即单击"撤销"按钮，以恢复工作表中的单元格
#NULL!	使用了不正确的区域运算符或不正确的单元格引用	如果要引用两个不相交的区域，请使用联合运算符逗号（,）

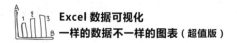
 实例 5　将错误值显示为 0

在实际的图表制作工作中，难免会出现前面表格中列出的错误值。但是在有些情况下，出现错误值并不影响对计算结果的判断，即允许出现这些错误值。可是带有错误值的计算结果可读性较差，因为并不是所有人都熟悉 Excel 错误值的含义，而且容易让人误以为这些错误值是图表制作者的工作失误造成的。因此，在将图表呈交给领导之前，有必要对错误值进行优化处理，如将其显示为 0、空白或其他更通俗易懂的文字，以方便领导阅读。

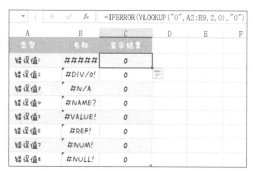

🖱 **步骤 01　获取原始数据**

根据上文中讲述的错误值产生的原因，通过设置公式，显示不同类型的错误，如左图所示。

🖱 **步骤 02　用 0 显示错误值**

在 C2 单元格中输入公式"=IFERROR (VLOOKUP("0",A2:B9,2,0),"0")"，按 Enter 键后向下复制公式，有错误值的单元格都显示为 0，如左图所示。

我上次做了一份报表，就是因为没有进行优化处理，在单元格内直接显示了错误值，被领导批评了。看来有必要对错误值的显示格式进行优化处理。

重复值一般都是多余的数据，在数据统计过程中，要确保数据的唯一性，只有这样才能确保统计结果的正确性和可靠性。如果忽视了这一要点，所做的任何结果都将无济于事。

实例 6　删除重复值

现有一张客户考核统计表，因不同员工对相同客户进行了考核，导致出现了一样的客户编码，如果要统计月底对客户的考核覆盖率，统计有重复值的记录就是不正确的，需要将其删除。

步骤 01　获取原始数据

首先选中含有重复项的数据区域，然后在"数据"选项卡下，单击"数据工具"组中的"删除重复项"按钮，打开"删除重复项"对话框。

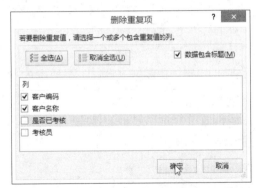

步骤 02　勾选列项目

在弹出的"删除重复项"对话框中，勾选"客户编码""客户名称"列项目复选框，该步骤是对所选列查找重复值。

步骤 03　删除重复项

系统经过搜索后，弹出系统提示框，提示查找出 2 个重复值，并自动将其删除。

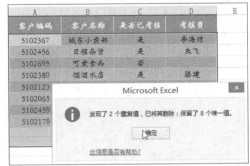

有时我们不能确定工作表中是否有重复的项，除了通过上面例子中的方法进行查看外，还可以通过"条件格式 > 突出显示单元格规则 > 重复值"选项标记出具有重复值的结果。

1.3　抽样产生随机数据

我每周一都要对上周的客户检查进行电话抽查，一周下来有好几百个客户呢。每次面对那么多的客户信息，我就会为抽查谁而苦恼。你有什么好的方法吗？

你这个问题其实不算什么大的难题。难道你不知道在 Excel 中有一个分析工具库，里面就有抽样功能。用来解决你这样的问题是非常适用的。

　　做数据分析、市场研究、产品质量检测，不可能像人口普查那样，进行全量的研究。这就需要用到抽样分析技术，什么是抽样呢？就是从总体中抽取一部分样本进行研究分析，用来估计和推断总体的情况，是数据分析里面很基础的一个统计方法。

　　在 Excel 中若要使用"抽样"工具，就必须先启用"开发工具"选项，然后再加载"分析工具库"。加载"分析工具库"的方法：单击"文件 > 选项 > 自定义功能区"，然后在"自定义功能区（B）"面板中勾选"开发工具"，这样在 Excel 工作表的选项卡区就显示了"开发工具"选项。再单击"开发工具 > 加载项"，然后在弹出的对话框列表中勾选"分析工具库"就可成功加载"数据分析"功能。不过要在"数据"选项卡下的"分析"组中才能查看得到。

周期：周期模式即所谓的等距抽样，需要输入周期间隔。输入区域中位于间隔点处的数值以及此后每一个间隔点处的数值将被复制到输出列中。当到达输入区域的末尾时，抽样将停止。	抽样方式	随机：随机模式适用于分层抽样、整群抽样和多阶段抽样等。随机抽样需要输入样本数，电脑自行进行抽样，不用受间隔规律的限制。

实例 7　随机抽样客户编码

现有从 51001 开始的 100 个连续的客户编码，需要从中抽取 20 个客户编码进行电话拜访，用抽样分析工具产生一组随机数据。

步骤 01　获取原始数据

将编码从 51001 开始按列依次排序到 51100，并对间隔列填充相同颜色，效果如左图所示。

步骤 02　使用抽样工具

在"数据"选项卡下的"数据分析"组中单击"数据分析"按钮，打开"数据分析"对话框，然后在"分析工具"列表中选择"抽样"，如左图所示。

步骤 03　设置输入区域和抽样方式

在弹出的"抽样"对话框中，设置"输入区域"为"$A$1：$I$10"，设置"抽样方法"为"随机"，再设置"输出区域"为"$K$1"，如左图所示。

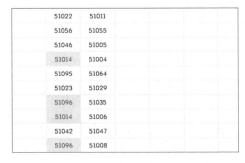

步骤 04　抽样结果

单击对话框中的"确定"按钮后，K列中随机产生了 20 个样本数据，将产生的后 10 个数据剪切到 L 列，然后利用突出显示单元格规则下的重复值选项，将重复结果用不同颜色标记出来，结果如左图所示。

在随机抽样中，任何数值都可以被多次抽取。所以样本中的数据一般都会有重复现象，如上图中浅红色标记的结果。所以抽样所得数据实际上会有可能小于所需数量。在实际工作中，可根据经验适当调整在数据样本选取时的数量设置，以使最终所得样本数量不少于所需数量。我们可以用筛选功能筛去重复值，或直接使用周期抽样方式。

读书笔记

第 2 章

数 理 统 计 中 的
常 见 统 计 量

- 比平均值更稳定的中位数和众数
- 表示数据稳定性的标准差和变异系数
- 概率统计中的正态分布和偏态分布
- 应用在财务预算中的分析工具

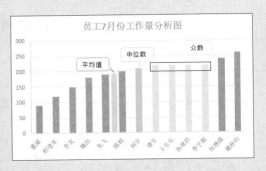

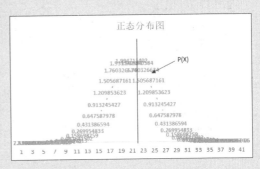

2.1 比平均值更稳定的中位数和众数

在上次体检过后，部门主任让我统计一个身高数据代表整个公司的一个身高情况。我暗想用平均值应该没问题。可我提交的结果并不让领导满意，这让我百思不得其解。

这个时候当然不能用平均值去解决问题了，你知道除了平均值外还有什么统计量可以很好地说明一个公司的整个情况吗？

现代经济社会的数字化程度越来越高，人们会发现在这个世界里充斥着各种各样的数字。人们在描述事物或过程时，已经习惯性地偏好于接受数字信息以及对各种数字进行整理和分析。因此，社会经济统计越发重要。而统计学就是基于现实经济社会发展的需求而不断发展的。在统计学领域有一组统计量是用来描述样本集中趋势的，它们就是平均值、中位数和众数。

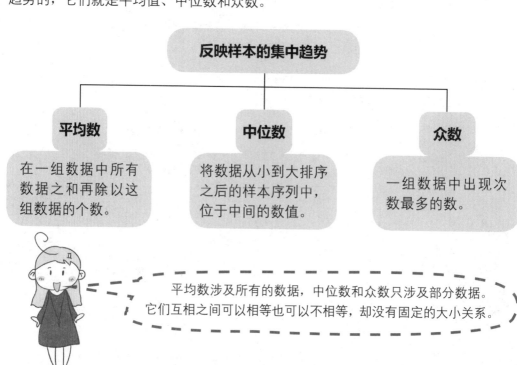

反映样本的集中趋势

平均数

在一组数据中所有数据之和再除以这组数据的个数。

中位数

将数据从小到大排序之后的样本序列中，位于中间的数值。

众数

一组数据中出现次数最多的数。

平均数涉及所有的数据，中位数和众数只涉及部分数据。它们互相之间可以相等也可以不相等，却没有固定的大小关系。

一般来说，平均数、中位数和众数都是一组数据的代表，分别代表这组数据的"一般水平""中等水平"和"多数水平"。

 ## 实例 1　员工工作量统计

统计员工 7 月份的工作量，对整个公司的工作进度进行分析，再评价姓名为"陈科"的员工的工作情况。

如左下图所示，在工作表中分别利用 AVERAGE 函数、MEDIAN 函数和 MODE 函数求出"页数"组的平均值、中位数和众数。如右下图所示，用"姓名"列和"页数"列作为数据源，将其生成图表，并用不同颜色填充系列"中位数"和"众数"，再手绘一个"平均值"的柱形图置于图表中。

 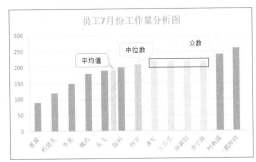

数据分析

从图表中可以看出，若要体现公司的整体业绩情况，平均值最具代表性，它反映了总体中的平均水平，即公司 7 月份员工的平均业绩——194。而中位数是一个趋向中间值的数据，处于总体中的中间位置，所以有一半的样本值是小于该值，还有一半的样本值大于该值，相对于平均值来讲，本例中的中位数 210 更具考察意义，因为平均值的计算受到了最大值和最小值两个极端异常值的影响，中位数虽然不能反映公司的一般水平，但是却反映了公司的集中趋势——中等水平。将本例中出现次数最多的众数 220 与平均值和中位数对比后就会发现，在所有数据中 220 是一个多数人的水平，它反映了整个公司大多数人的工作状态，也是数据集中趋势的一个统计量。

如果单独考察"陈科"的工作状况，他 7 月份的工作业绩是 200，高于公司的"平均水平"，看似不错，但实际上没有达到公司的"中等水平"和"多数水平"，因此还有进一步提升的空间。

给大家分享一个顺口溜，巧用这三个统计量：

分析数据平中众，比较接近选平均，相差较大看中位，频数较大用众数；所有数据定平均，个数去除数据和，即可得到平均数；大小排列知中位；整理数据顺次排，单个数据取中位，双个数据两平均；频数最大是众数。

2.2 表示数据稳定性的标准差和变异系数

昨天会议上总经理问我：这个月销售部门的业绩情况如何？我按照常规方式回答了当月的平均值、最大值和最小值。经理接着又问了一句业绩稳不稳定，当时我却找不到数据来回答。

你啊就是不会随机应变。其实数据的稳不稳定也是根据平均值来判断的，在统计学中，用标准差、变异系数等表示。它们是用来反映数据间的离散程度的。

在统计学领域中，概率论是统计学的一个分支，而随机变量是概率论的一个方面。随机变量的分布描述了随机现象的统计规律，然而对于许多实际问题，随机变量的分布并不容易求得；另外，有一些实际问题往往并不直接对分布感兴趣，而只感兴趣分布的少数几个特征指标，称之为随机变量的数字特征。其中最主要的就是期望值、方差和标准差。如果要表示数据稳定性的统计量，则一般会用标准差和变异系数。

数据偏离平均值的程度。

离散程度

标准差：总体各单位标准值与其平均数离差平方的算术平均数的平方根，即方差的平方根。公式为：

$$\delta = \sqrt{\frac{1}{N}\sum_{i=1}^{N}(x_i - \mu)^2}$$

变异系数：标准差与平均数的比值，记为CV。变异系数可以消除单位和（或）平均数不同对两个或多个资料变异程度比较的影响。

其实在统计学中，表示数据离散程度的统计量除了本节要详细介绍的标准差和变异系数外，还有常用的极差（最大值减去最小值）、方差、离均差平方和。它们都是依靠平均值得来的，而彼此之间又有着千丝万缕的关系。

极差：是指一组测量值内最大值与最小值之差，又称范围误差或全距。极差没有充分利用数据的信息，但计算十分简单，仅适用样本容量较小（$n < 10$）的情况。

我这里有一组某企业销售部门 6 个业务员的工资数据：3250、3350、3500、3980、4210、4600，你能算出他们工资的极差吗？

当然没问题了！销售部员工工资的极差等于4600-3250，即 1350。这个数字越大，表示分得越开，即员工之间工资差异越大。若该数越小，数字间就越紧密，差异也就越小。

方差：在概率论和数理统计中，方差用来度量随机变量和其数学期望（即均值）之间的偏离程度。方差用字母 D 表示，常用的方差计算公式可表示为：$D(X)=E(X^2)-[E(X)]^2$，也就是平方的均值减去均值的平方。

再来一题：已知某零件的真实长度为 10cm，用甲、乙两台仪器各测量 10 次。其中甲仪器测量结果是：9.8cm、9.6cm、9.9cm、10.2cm、10.3cm、9.9cm、10.1cm、10cm、10cm、10.1cm；而乙仪器的测量结果全是 10cm。你能评价出甲、乙两种仪器哪个更好吗？

这还不简单啊！在 Excel 中利用求方差公式的函数 VAR() 可求得甲仪器的方差 $D_甲$ 为 0.041，乙仪器的方差 $D_乙$ 是 0，其中 $D_甲 > D_乙$，说明乙仪器的性能更好，测出的结果更准确，其实根据测量结果的稳定便可分辨出乙仪器更好。

离均差平方和：是计算每个观察值与平均数的差，然后将其平方后相加，是统计离散趋势的重要指标之一，其公式表示为：$SS = \sum(X-N)^2$。

关于离均差平方和的概念你理解了吗？现在我不以我提问你回答的方式来考你。我要让你自己举例说明离均差平方和的含义如何？

比如在一次数学考试中，班上的平均成绩为 75 分，而每个学员的成绩在 58 ～ 92 分不等。先将每个学员自身的成绩减去班上的平均成绩得到一个差值（可正可负），再将每个学员的差值平方后相加（有多少个学员就有多少个差值结果，将这些所有结果平方后相加）就求得离均差平方和。如果学员间的成绩差异越大，说明离均差平方和也越大，方差也就越大，其班级成绩就越不稳定。对吗？

变异系数：当需要比较两组数据离散程度大小的时候，如果两组数据的测量尺度相差太大，或者数据量纲不同，直接使用标准差来进行比较是不合适的，此时应当消除测量尺度和量纲的影响，使用变异系数就可以达到这一效果。它是标准差与其平均数的比。变异系数越大说明数据间的差异越大，即数据不稳定。

哈哈！你现在不用问，听我说：

假设有两组数据，一组是男生 3000 米长跑的时间数（按小时算），另一组是女生 50 米短跑的时间数（按秒钟计算），经测得男生组的标准差和均值分别为 0.063 和 1.069，女生组的标准差和均值分别为 1.165 和 9.944。则男生长跑组的变异系数为 0.059，女生短跑组的变异系数为 0.117。比较变异系数的大小得知女生组测量的变异系数大于男生组测量的变异系数，即男生组成绩较稳定。

实例 2　根据标准差 / 变异系数分析两个养猪场的体重差异

有 A、B 两个养猪场，分别从两个养猪场中随机抽取 5 只样本猪，称其体重并记录下来，根据测得的样本体重判断哪个养猪场的猪体重差异更大。

步骤 01　查看样本数据

左表中是记录下的样本体重值。在数据区域下方输入需要计算的均值、标准差和变异系数信息。

两猪场样本体重 单位：Kg				
场地＼样本	样本1	样本2	样本3	样本4	样本5
A猪场	189	205	210	200	180
B猪场	199	195	200	198	203
	均值	标准差	变异系数		
A猪场					
B猪场					

两猪场样本体重					单位：Kg
样本 场地	样本1	样本2	样本3	样本4	样本5
A猪场	189	205	210	200	180
B猪场	199	195	200	198	203
	均值	标准差	变异系数		
A猪场		=STDEV(B3:F3)			
B猪场	199				

步骤02　计算均值和标准差

在 B7 单元格中输入求均值的公式 "=AVERAGE(B3:F3)"，按 Enter 键显示结果后填充 B8 单元格中的数据。然后在 C7 单元格中输入求标准差的公式 "=STDEV(B3:F3)"，如左图所示。

两猪场样本体重					单位：Kg
样本 场地	样本1	样本2	样本3	样本4	样本5
A猪场	189	205	210	200	180
B猪场	199	195	200	198	203
	均值	标准差	变异系数		
A猪场	196.8	12.1943	0.061963		
B猪场	199	2.91548	0.014651		

步骤03　计算变异系数

计算出两个养猪场的均值和标准差后，在 D7 单元格中输入自定义公式 "=C7/B7"，该公式就是将标准差除以均值得到变异系数的结果，如左图所示。

数据分析

通过步骤02、步骤03 的操作，计算出两组数据的均值、标准差和变异系数后，可以根据结果作出分析。如果用极值来判断两组数据的离散程度，则 A 猪场极值为 30，B 猪场极值为 5，该统计结果说明 B 猪场的猪体重更集中；如果用标准差来判断，则 A 猪场中的 12.1943 大于 B 猪场中的 2.91548，由于标准差越大，说明数据间的差异也越大，即 B 猪场的猪体重差异更小；如果用变异系数来判断，则 A 猪场中的 0.061963 大于 B 猪场中的 0.014651，由于均值和标准差两两不相等，所以求得的变异系数越大说明变异程度也越大，即 B 猪场的猪体重更稳定。

2.3 概率统计中的正态分布和偏态分布

在高中学习阶段就接触过概率知识，在大学也有专门的课程介绍概率论。但是时隔太久，很多理论知识大多已忘记，而如今我的工作又涉及这方面的知识。现在我是一头雾水……

既然你有概率知识的基础，就不用担心你学不会。其实要明白概率的内涵，需要搞清楚概率统计中的两个重要分布：正态分布和偏态分布。

概率可以理解为随机出现的相对数。随机现象是相对于决定性现象而言的。在一定条件下必然发生某一结果的现象称为决定性现象。随机现象则是指在基本条件不变的情况下，每一次试验或观察前，不能肯定会出现哪种结果，呈现出偶然性，如常见的掷骰子试验。事件的概率是衡量该事件发生的可能性的量度。虽然在一次随机试验中某个事件的发生是带有偶然性的，但那些可在相同条件下大量重复的随机试验却往往呈现出明显的数量规律，其中正态分布和偏态分布就是数据有规律出现的两个代表。

正态

偏态

正态分布，是一种对称概率分布，具有两个参数 μ 和 σ^2，第一参数 μ 是服从正态分布的随机变量的均值，第二个参数 σ^2 是此随机变量的方差。所以正态分布记作 $N(\mu, \sigma^2)$。当 $\mu=0$，$\sigma^2=1$ 时，记为标准正态分布。

偏态分布，是指频数分布不对称、集中位置偏向一侧的分布。若集中位置偏向数值小的一侧，称为正偏态分布；集中位置偏向数值大的一侧，称为负偏态分布。

你是否喜欢买彩票？是不是常常埋怨彩票不中头奖？如果你回答"是"，那么你肯定是一位冒险者。虽然中彩票头等奖是百万分之一的概率，但是你会觉得你就是那百万分之一。

那你害怕被雷击吗？你是否想过你还会是那百万分之一被雷击中的人呢？

左下图是正态分布图，右下图是偏态分布图。在 Excel 中通过折线图或散点图可以模拟出如下图所示的效果。要理解分布图形时，需要明白峰度与偏度系数，即它们表示的含义。峰度是用来反映频数分布曲线顶端尖峭或扁平程度的指标，而偏度是用来度量分布是否对称。

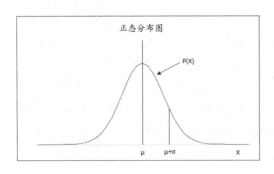

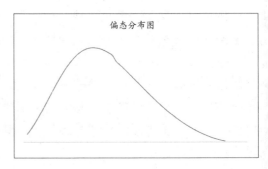

服从正态分布的随机变量的概率规律为取与 μ 邻近的值的概率大，而取离 μ 越远的值的概率越小；σ 越小，分布越集中在 μ 附近；σ 越大，分布越分散。

在正态分布图中，以标准正态分布图为例，标准正态分布曲线下面积分布有如下规律：在 -1 ～ +1 范围内曲线下的面积等于 0.6827；在 -1.96 ～ +1.96 范围内曲线下的面积等于 0.9500；在 -2.58 ～ +2.58 范围内曲线下面积为 0.9900。统计学家还制作了一张统计用表（自由度为 ∞ 时），借助该表就可以估计出某些特殊 μ_1 和 μ_2 值范围内的曲线下面积。

我觉得你的理论太抽象了，我还是很难明白。不过我认真学习过有关分布的知识。我是这么理解的：分布在 μ 值附近的样本是正常现象，而偏离于分布的尾部则是一种异常情况。比如，抽样检查产品的合格率，在生产中，只有极少的一部分才是不合格的，而大多数产品是合格的。

在 Excel 中若要绘制正态分布图，需要了解 NORMDIST 函数。该函数返回指定平均值和标准偏差的正态分布函数。此函数在统计方面应用范围广泛（包括假设检验），能建立起一定数据频率分布直方与该数据平均值和标准差所确定的正态分布数据的对照关系。

NORMDIST 函数的语法：NORMDIST(x,mean,standard_dev,cumulative)，x 为需要计算其分布的数值；mean 是分布的均值；standard_dev 是分布的标准偏差；cumulative 为一逻辑值，指明函数的形式。如果 cumulative 为 TRUE，函数 NORMDIST 返回积累分布函数；如果为 FALSE，返回概率密度函数。

概率密度函数是一个描述随机变量的输出值，在某个确定的取值点附近的可能性的函数，而积累分布函数就是概率密度函数的积分。

在正态分布中，有两个常在经济学中引用的概念：长尾和肥尾。美国人克里斯·安德森提出的长尾理论认为：只要存储和流通的渠道足够大，需求不旺或销量不佳的产品，共同占据的市场份额，就可以和那些数量不多的热卖品所占据的市场份额，相匹敌甚至更大。

正态分布的应用广泛，如同质群体的身高、红细胞数、血红蛋白量、胆固醇等，以及实验中的随机误差，呈现为正态或近似正态分布；有些资料虽为偏态分布，但经数据变换后可成为正态分布或近似正态分布。

实例 3　计算学生考试成绩的正态分布图

一般考试成绩具有正态分布现象。现假设某班有 45 个学生，在一次英语考试中学生的成绩分布在 54 ～ 95 分，他们的成绩按着学号依次递增，计算该班学生成绩的累积分布函数图和概率密度函数图。

		fx	=STDEVP(B3:B47)		
A	B	C	D	E	F
学号	分数	均值	方差	积累分布函数	概率密度函数
		76	12.98717		
01	54				
02	55				
39	92				
40	93				
41	94				
42	95				
43	96				
44	97				
45	98				

步骤 01　计算均值和方差

在 C2 单元格中输入计算学生成绩的均值公式 "=AVERAGE(B3:B47)"，按 Enter 键后显示结果。然后在 D2 单元格中输入公式 "=STDEVP(B3:B47)" 计算学生成绩的方差，结果如左图所示。

=NORMDIST(B3, $C$2, $D$2,)

NORMDIST(x, mean, standard_dev, **cumulative**)

方差	积累分布函数	概率密度函数	TRUE — 累积分布函数
12.98717			FALSE — 概率密度函数
	$D$2,)		

步骤 02　计算累积分布函数

在 E3 单元格中输入正态分布函数的公式 "=NORMDIST(B3,$C$2,$D$2,TRUE)"。输入该函数的 cumulative 参数时，系统显示如左图所示的提示信息，选择 TRUE 选项表示累积分布函数。

		fx	=NORMDIST(B3, $C$2, $D$2, FALSE)		
B	C	D	E	F	G
分数	均值	方差	积累分布函数	概率密度函数	
	76	12.98717			
54			0.0451346	0.0073161	
55					
56					
57					
58					
59					
60					

步骤 03　计算概率密度函数

在 F3 单元格中输入步骤 02 一样的函数公式，只是最后一个 cumulative 参数设置为 FALSE，即概率密度函数。计算结果如左图所示。

1 2	学号	分数	均值 76	方差 12.98717	积累分布函数	概率密度函数
3	01	54			0.0451346	0.0073161
4	02	55			0.0529413	0.0083107
39	37	90			0.8594802	0.0171814
40	38	91			0.8759519	0.0157660
41	39	92			0.8910226	0.0143818
42	40	93			0.9047301	0.0130415
43	41	94			0.9171239	0.0117562
44	42	95			0.9282638	0.0105349
45	43	96			0.9382175	0.0093847
46	44	97			0.9470587	0.0083107
47	45	98			0.9548654	0.0073161

步骤 04　填充单元格公式

选取单元格区域 E3:F3，移动鼠标至所选单元格右下角至出现十字形图标，然后双击该十字形状填充 E4:F47 单元格区域。

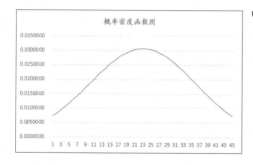

步骤 05　绘制概率密度函数图

选取 E 列数据，插入折线图，便可得到如左图所示的正态分布图。

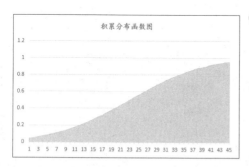

步骤 06　绘制积累分布函数图

选取 F 列数据，插入面积图，得到左图所示的积累分布图。

频数分布有正态分布和偏态分布之分，如果频数分布的高峰向左偏移，长尾向右侧延伸称为正偏态分布，也称右偏态分布；同样的，如果频数分布的高峰向右偏移，长尾向左延伸则称为负偏态分布，也称左偏态分布。偏态分布常用于分析排队问题。

若要理解偏态分布，首先需要掌握的是"偏度"这一指标。偏态又称偏斜系数、偏态系数，是用来帮助判断数据序列的分布规律性的指标。在数据序列呈对称分布（正态分布）的状态下，其均值、中位数和众数重合。且在这三个数的两侧，其他所有的数据完全以对称的方式左右分布。如果数据序列的分布不对称，则均值、中位数和众数必定分处不同的位置。这时，若以均值为参照点，则要么位于均值左侧的数据较多，称之为右偏；要么位于均值右侧的数据较多，称之为左偏；除此无他。考虑到所有数据与均值之间的离差之和应为零这一约束，则当均值左侧数据较多的时候，均值的右侧必定存在数值较大的"离群"数据；同理，当均值右侧数据较多的时候，均值的左侧必定存在数值较小的"离群"数据。

 ## 实例 4　不均匀的收入分配

个人收入图常用来研究偏态分布。它在贫困水平、经济增长和不平等相关的社会经济学研究中有广泛的应用。

步骤 01　插入散点图

将研究对象的数据录入 Excel 表后，选取该数据区域，然后打开"插入图表"对话框，选择"带平滑线的散点图"，如右图所示。

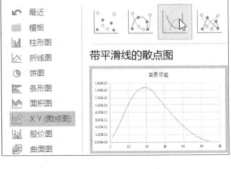

步骤 02　设置坐标轴线条

在生成的图表中双击横（纵）坐标轴，在弹出的窗格中，设置坐标轴线条颜色为黑色，并设置线条宽度为 1 磅，如右图所示。

步骤 03　优化图表

取消图表中网格线、图表标题的显示，然后选中坐标水平（垂直）轴将其字体设置为无色，再绘制一个矩形框输入"高收入"作为水平轴标题，便可得到如右图所示的偏态分布效果。

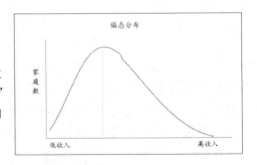

2.4　应用在财务预算中的分析工具

我每天都在做数据统计工作，但是我只会用 Excel 软件来分析数据，什么统计学中的 SPSS 软件我一窍不通。目前遇到有关预测值的算法，许多人都说 SPSS 软件做这一块好用。你能教我吗？

SPSS 软件确实是统计学中必用的软件，但是对于你的工作，其实没有必要用那么复杂的工具，Excel 里面也可以做数据预测，而且会比 SPSS 好用得多。

大数据预测分析可谓是大数据的核心，也是众多数据分析人士的终极梦想。谁不想帮助企业做出英明的业务决策、卖出更多商品和服务、获得更高的收益呢？但是预测分析同时也是一个极端困难的任务。这里我们不用复杂的 SAS、SPSS 等分析工具，照样可以在 Excel 中实现数据的分析和预测。

在 Excel 软件中，包括三种预测数据的工具，即移动平均法、指数平滑法和回归分析法。

移动平均法适用于近期预测。当产品需求既不快速增长也不快速下降，且不存在季节性因素时，移动平均法能有效地消除预测中的随机波动，是非常有用的。

指数平滑法是生产预测中常用的一种方法，也用于中短期经济发展趋势预测。它兼容了全期平均和移动平均所长，不舍弃过去的数据，但是仅给予逐渐减弱的影响程度，即随着数据的远离，赋予逐渐收敛为零的权数。

回归分析法是在掌握大量观察数据的基础上，利用数理统计方法建立因变量与自变量之间的回归关系函数表达式。回归分析法不能用于分析与评价工程项目风险。

简单的全期平均法是对时间序列的过去数据一个不漏地全部加以同等利用；而移动平均法不考虑较远期的数据，并在加权移动平均法中给予近期资料更大的权重。

移动平均法根据预测时使用的各元素的权重不同，可以分为简单移动平均和加权移动平均。简单移动平均的各元素的权重都相等；加权移动平均给固定跨越期限内的每个变量值以不相等的权重。其原理是：历史各期产品需求的数据信息对预测未来期内的需求量的作用是不一样的。

 实例 5　一次移动平均法预测

这里有一份某企业 2010 年 12 个月的销售额情况表，表中记录了 1 ～ 12 月每个月的具体销售额，按移动期数为 3 来预测企业下一个月的销售额。

步骤 01 "数据分析"对话框

打开销售额情况表，在"数据"选项卡下，单击"分析"组中的"数据分析"按钮，打开"数据分析"对话框，在"分析工具"列表中选择"移动平均"工具，如右图所示。

步骤 02 "移动平均"对话框

单击"确定"按钮后弹出在"移动平均"对话框，然后设置"输入区域"为B2:B13，"输出区域"为C3，"间隔"为3，如右图所示。

步骤 03 预测结果

单击"移动平均"对话框中的"确定"按钮后，运行结果会显示在单元格区域C5:C13中，如右图所示，表中的第14行预测数据即是下月的预测值。

	月份	销售额（万元）	p=3
1			
2	1	98	
3	2	181	
4	3	96	
5	4	102	125
6	5	128	126.3333333
7	6	115	108.6666667
8	7	111	115
9	8	119	118
10	9	123	115
11	10	127	117.6666667
12	11	132	123
13	12	138	127.3333333
14			132.3333333

在运用加权平均法时，权重的选择是一个应该注意的问题。经验法和试算法是选择权重的最简单的方法。一般而言，最近期的数据最能预示未来的情况，因而权重应大些。例如，根据前一个月的利润和生产能力比起根据前几个月能更好地估测下个月的利润和生产能力。但是，如果数据是季节性的，则权重也应是季节性的。

指数平滑法是布朗提出的，布朗认为时间序列的态势具有稳定性或规则性，所以时间序列可被合理地顺势推延。他认为最近的过去态势，在某种程度上会持续到未来，所以将较大的权数放在最近的资料中。

实例 6　指数平滑法预测

现给出某企业 2013 年的销售额数据，用指数平滑预测下一月的销售额。

步骤 01　"指数平滑"对话框

打开"指数平滑"对话框，设置"输入区域"为"B2:B13"，"输出区域"为"C3"，然后输入"阻尼系数"为"0.2"，再勾选"图表输出"复选框，如左图所示。

步骤 02　预测结果

单击"确定"按钮后，工作表中输入预测的结果，表中 C14 单元格中的数据就是指数平滑法预测出的结果，如左图所示。

月份	销售额（万元）	阻尼系数0.2
1	127	
2	163	
3	176	127
4	170	155.8
5	183	171.96
6	204	170.392
7	234	180.4784
8	253	199.29568
9	229	227.059136
10	181	247.8118272
11	208	232.7623654
12	230	191.3524731
		204.6704946

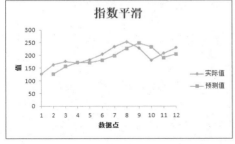

步骤 03　图表输出

除了工作表中会显示预测数据外，由于勾选了"图表输出"选项，所以系统还会将预测结果用图表的形式输出，结果如左图所示。

指数平滑法预测的关键是 α 取值的大小，现有经验法告诉大家：当时间序列呈现较稳定的水平趋势时，应选较小的 α 值，一般可在 0.05 ～ 0.20 取值；当时间序列有波动，但长期趋势变化不大时，可选稍大的 α 值，常在 0.1 ～ 0.4 取值；当时间序列波动很大，长期趋势变化幅度较大，呈现明显且迅速的上升或下降趋势时，宜选择较大的 α 值，如可在 0.6 ～ 0.8 选值，以使预测模型灵敏度高些，能迅速跟上数据的变化；当时间序列数据呈上升（或下降）的发展趋势类型，α 应取较大的值，在 0.6~1 选值。阻尼系数 =1-α。

回归分析工具是通过对一组观察值，使用"最小二乘法"直线拟合来执行线性回归分析的，该工具可以用来分析单个因变量是如何受一个或几个自变量值影响的，由回归分析求出的关系式是回归模型。

实例 7　一元线性回归预测

某企业在 2005—2013 年，重视研究开发，提供了足够的科研费用，因此获得良好的经济效益，详细数据记录在实例文件 >02 文件夹下的实例 7 中。现假设 2014 年该企业科研人员 60 名，科研经费 30 万，试预测 2014 年该企业的经济效益是多少？

步骤 01　"回归"对话框

在"数据分析"对话框中选择"回归"工具，然后单击"确定"按钮打开"回归"对话框，再设置如右图所示的输入 / 输出选项、置信度以及残差选项。

步骤 02　回归分析结果

单击"确定"按钮后，系统将回归分析的结果输出在新的工作表"回归分析"中，如右图所示只是截取了回归分析的一部分数据。

步骤 03　预测结果

在"回归分析"工作表的方差分析部分中可以得出回归模型。返回到原始数据工作表中，在 C11、D11 单元格中输入 60 和 30，然后在 B11 单元格中输入公式"=249.424+4.4576*C11+24.9699*D11"，即可预测 2014 年的经济效益。

年份	经济效益 （万元）	科研人员 （名）	科研经费 （万元）
2005年	606	24	10.3
2006年	704	28	12.4
2007年	720	32	13.3
2008年	760	35	14.2
2009年	791	40	14.8
2010年	831	42	15.7
2011年	883	51	16.4
2012年	950	53	18.2
2013年	994	54	20.3
2014年	1263.977	60	30

如果要研究两个或两个以上变量之间的关系，除了回归分析外，还需要用到相关系数分析，相关系数分析是研究两个或两个以上随机变量之间的相互依存关系的紧密程度。相关系数分析的用法与前面介绍的三种预测工具操作步骤类似。

✎ **读书笔记**

第 3 章

数据表格的图形化

- 突出显示特殊数据的单元格
- 用项目规则显示隐藏在计算机中的数据
- 用数据条的长度代表数值大小
- 使用色阶区分不同范围内的数据
- 用图标集让你的数据大放异彩
- 在表格中展示你的图表

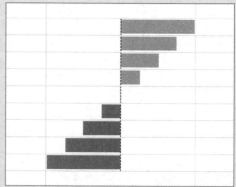

与上月相比销售额变化情况

月份 地区	1月	2月	3月	4月	迷你图
成都	10%	5%	8%	13%	
绵阳	8%	6%	7%	3%	
南充	6%	-4%	-1%	4%	
达州	12%	-2%	2%	5%	

3.1 突出显示特殊数据的单元格

在处理数据时我仍有许多疑问。比如我要找出几组数据中较大的几个值，尝试了筛选功能，但是操作很麻烦，而且不便于分析数据，还有其他什么好办法吗？

既然选择尝试，那就应该多尝试几种方法！不知你试过"条件格式"中的"突出显示单元格规则"没？它就能很好地解决你提出的疑问。

在实际的工作中，我们常会遇到这样的情况：在大量的数据中查找满足一定条件的数据，并把它突出显示出来。有人也许会想到使用筛选功能先筛选出符合条件的数据，然后再对筛选后的数据做一些特殊格式的标记。虽然这是一种方法，但不免显得麻烦。下面就来看看"突出显示单元格规则"的条件格式吧！

情景对比

员工1月份产品销量表 设置前

姓名	A产品	B产品	C产品
张爱玲	70	56	62
向意	77	69	63

姓名	A产品	B产品	C产品
刘汉军	50	70	73
朱袁辉	53	66	69
向意	77	69	63

姓名	A产品	B产品	C产品
刘汉军	50	70	73
朱袁辉	53	66	69

员工1月份产品销量表 设置后

姓名	A产品	B产品	C产品
李燕	56	62	51
朱建	48	53	48
王亚飞	63	48	39
张爱玲	70	56	62
李海林	48	60	45
董泽	40	59	56
张光宇	46	64	58
刘汉军	50	70	73
朱袁辉	53	66	69
向意	77	69	63

应用分析

在"设置前"表格中，为了找出每种产品的最高销量，进行了三次筛选，这样的筛选结果虽能满足要求，但是在实际的数据分析工作中，重复筛选的工作量很大，如果要同时比较三组筛选结果，则需要打开三个窗口来进行对比。而在"设置后"表格中，通过设置条件格式突出显示了满足条件的单元格，与"设置前"表格相比，这一操作既快捷又方便，而且数据量很大时也不会感觉麻烦。

步骤要点

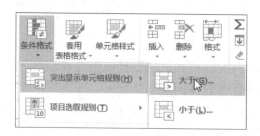

选取需要查找的数据区域 B3:D12，在"开始"选项卡下，单击"样式"组中的"条件格式"下三角按钮，在展开的列表中指向"突出显示单元格规则"选项，然后单击"大于"命令，如左图所示。

在弹出的"大于"对话框中，输入大于的条件"65"，默认满足条件的单元格格式为"浅红填充色深红色文本"，如左图所示。

思维拓展

在"突出显示单元格规则"列表中还有很多其他条件的设置，如右图所示，其中"大于""小于""介于""等于"都是对数字数据设置的条件，其用法与平时的数字比较一样；其中的"文本包含"相当于数学中的"小于等于"，只是这里针对的是文本格式的数据。比如"员工"包含在"员工姓名"中；而"发生日期"针对的就是日期格式的数据。"重复值"选项就是对有重复值的单元格进行突出显示而设置的，类型包括数字型、文本型、日期型等。

如果需要清除突出显示的单元格，在"条件格式"下单击"清除规则"选项，从中可以选择"清除所选单元格的规则"和"清除整个工作表的规则"，如左图所示。

3.2 用项目规则显示隐藏在计算机中的数据

为了贯彻你上节中给我介绍的方法，我将2月份中员工累计量小于平均值的人员突出显示出来。但是我是先计算了平均值，再使用的"突出显示单元格规则"中的"小于"条件！

尽管你突出了小于累计量平均值的数据，但是你计算平均值的步骤让你的工作量加重。其实在"项目选取规则"中就有满足你这一需求的功能！

项目选取规则和突出显示单元格规则的功能是相近的，都是指选取满足指定条件的项目，并突出显示其所在单元格。不一样的是，项目选取规则可以为结果减少某些计算步骤，如前 n 项或最后 n%，这一功能就不需要再进行排序、求均值等操作；而突出显示单元格则是通过选取某个具体的值或字所进行的操作。

情景对比

	姓名	A产品	B产品	C产品	设置前
3	李燕	46	60	56	162
4	朱建	59	59	58	176
5	王亚飞	68	64	73	205
6	张爱玲	64	70	69	203
7	李海林	55	66	63	184
8	董泽	69	69	55	193
9	张光宇	72	43	49	164
10	刘汉军	50	68	76	194
11	朱熹辉	53	56	56	165
12	向意	77	59	69	205
13	魏延	45	64	64	173
14	李可	56	62	67	185
15	董延榄	49	50	49	148
16	张海	58	73	59	190
17	洛依林	63	71	66	200
18			累计平均值		183.1333

	姓名	A产品	B产品	C产品	设置后
3	李燕	46	60	56	162
4	朱建	59	59	58	176
5	王亚飞	68	64	73	205
6	张爱玲	64	70	69	203
7	李海林	55	66	63	184
8	董泽	69	69	55	193
9	张光宇	72	43	49	164
10	刘汉军	50	68	76	194
11	朱熹辉	53	56	56	165
12	向意	77	59	69	205
13	魏延	45	64	64	173
14	李可	56	62	67	185
15	董延榄	49	50	49	148
16	张海	58	73	59	190
17	洛依林	63	71	66	200

应用分析

　　在"设置前"与"设置后"表格中，虽然都突出显示了文中需要的效果，但是"设置前"的步骤会更麻烦一点，因为表格中是先计算D列累计量的平均值，然后根据计算结果在"条件格式"下的"突出显示单元格规则"中使用"小于"条件来显示的结果；而"设置后"中直接使用了"项目选取规则"下的"低于平均值"选项达到同样的目的。所以后者更能提高员工的工作效率！

步骤要点

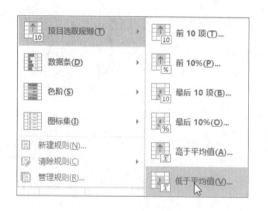

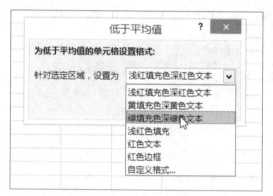

　　选取需要突出显示的单元格区域 **D3:D17**，在"条件格式"下指向"项目选取规则"，然后单击"低于平均值"选项，如左上图所示。在弹出的"低于平均值"对话框中，单击文本框右侧的下拉按钮，在下拉列表中选择"绿填充色深绿色文本"样式，如右上图所示。

思维拓展

和突出显示单元格规则一样，在项目选取规则中也有多个选项供选择，如右图所示。

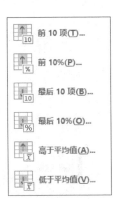

以"前 10 项"为例：如果有一组数据，你需要突出显示数值排列在前 3 名的单元格，可以单击"前 10 项"选项，然后在弹出的对话框中输入数字"3"，再自己定义一种单元格格式，如字体设置为红色、加粗，边框设置为红色虚线，如左下图所示。然后单击"确定"按钮后就可以将这组数据的前 3 名突出显示出来，如右下图所示。

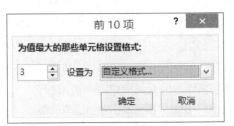

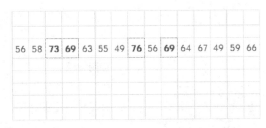

在右上图的表格中，虽然说明的是显示前 3 名的数字，但是由于排列第 3 的数值有两个，所以出现了 4 个数据，这是正常的现象。

3.3 用数据条的长度代表数值大小

数据条的长度能代表数据的大小，数据条越长数据就越大，相反则数据越小。数据条不仅是代表数据大小的图形，它还可以帮助读者查看表格中各单元格数值之间的对比关系，当需要在大量数据中观察较大值与较小值时，使用数据条就显得特别直观。

📖 情景对比

1	编号	完成量	设置前
2	EX005	55540	555.4
3	EX007	49920	499.2
4	EX004	47950	479.5
5	EX002	45630	456.3
6	EX009	42110	421.1
7	EX006	39680	396.8
8	EX003	39580	395.8
9	EX010	38470	384.7
10	EX001	25850	258.5
11	EX008	19990	199.9

1	编号	完成量	设置后
2	EX005	55540	555.4
3	EX007	49920	499.2
4	EX004	47950	479.5
5	EX002	45630	456.3
6	EX009	42110	421.1
7	EX006	39680	396.8
8	EX003	39580	395.8
9	EX010	38470	384.7
10	EX001	25850	258.5
11	EX008	19990	199.9

应用分析

　　"设置前"中的表格是将数据源按"业绩提成"关键字进行降序排列后的结果，所以从上至下便能分析出员工业绩提成的情况。而"设置后"表格是在"设置前"的基础上，为业绩提成所在列的数据添加了数据条，这样数据不仅按从大到小的顺序排列，还根据数据本身的大小在单元格中显示了直条图形，从直条的长度上也能区分数据的大小，这无疑是为只有数据的表格锦上添花！字不如表、表不如图在这里得到了体现！

📊 步骤要点

	数据条(D)	▶	渐变填充
	色阶(S)	▶	
	图标集(I)	▶	实心填充
	新建规则(N)...		
	清除规则(C)	▶	
	管理规则(R)...		

　　为数据添加数据条的方法很简单，选中数据后同样在"条件格式"下指向"数据条"，然后在展开的列表中选择一种样式进行设置，如左图所示。其中的"渐变填充"和"实心填充"的功能是一样的，只是数据条的外观稍有差别。

思维拓展

在 Excel 2013 内置的数据条中，数据条的最小值默认是 0，最大值为选择单元格区域中的最大值，值得注意的是数据条的最大、最小值并非只有默认设置的一种，读者可以自定义数据条的最大、最小值，需要单击"数据条"中的"其他规则"选项打开"新建格式规则"对话框。如右图所示，可以在"类型"下拉列表中选择诸如"数字""百分比""公式"等，在"条形图外观"组中还可以选择填充样式（渐变和实心），并设置填充的颜色和方向。

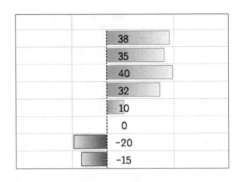

如左图所示，就是自定义了条形图外观，在显示条形图时，设置"格式样式"为"仅显示数据条"。

如果数据中有负数（数据纵向排列），则默认的数据条是左右分开的，右边代表正数，左边代表负数，并以不同的颜色区分开，默认情况下的负数用红色的数据条表示。如果数据中既有正数又有负数还有零时，表示零的单元格则不会显示出数据条，如右图所示。

代表负数数据条的颜色也可以在"新建格式规则"对话框中设置，单击对话框中的"负值和坐标轴"按钮，在弹出的对话框中进行设置即可。

3.4 使用色阶区分不同范围内的数据

我在"条件格式"选项下学习了"色阶"的用法，发现它可用不同颜色来展示不同范围内的数据。所以我用默认的色阶表示一段时间中每天的最高温度，好像效果并没预想的那么好！

看来前面跟你讲的没白讲啊，知道要变通地去学习了。至于你说的默认效果不好，不是色阶功能不合适，而是你在设置时没有根据语境选用适当的样式！

色阶作为一种直观的条件格式，可以快速地帮助读者了解数据的分布和数据变化。色阶分为三色刻度和双色刻度，即用三种或两种颜色的变化来比较单元格区域中数据的变化。读者可以自行设置色阶中的颜色深浅来表述数据的大小，让读者在使用"色阶"功能分析数据时拥有更大的灵活性。

情景对比

2	日期	温度（°）	设置前
3	2014/6/1	26.8	
4	2014/6/2	29.2	
5	2014/6/3	29.5	
6	2014/6/4	28.3	
7	2014/6/5	27.3	
8	2014/6/6	30.3	
9	2014/6/7	31.1	
10	2014/6/8	32.1	
11	2014/6/9	28.9	
12	2014/6/10	27.5	
13	2014/6/11	29.4	
14	2014/6/12	30.5	
15	2014/6/13	29.9	
16	2014/6/14	31.6	
17	2014/6/15	32.7	

2	日期	温度（°）	设置后
3	2014/6/1	26.8	
4	2014/6/2	29.2	
5	2014/6/3	29.5	
6	2014/6/4	28.3	
7	2014/6/5	27.3	
8	2014/6/6	30.3	
9	2014/6/7	31.1	
10	2014/6/8	32.1	
11	2014/6/9	28.9	
12	2014/6/10	27.5	
13	2014/6/11	29.4	
14	2014/6/12	30.5	
15	2014/6/13	29.9	
16	2014/6/14	31.6	
17	2014/6/15	32.7	

应用分析

在"设置前"图表中使用的是默认的色阶样式，它能将数据按不同的范围进行区分，即用不同的颜色表示不同范围内的数据，从图中还可看出偏红的颜色表示的是较低温度，而偏绿的颜色表示了较高温度；而"设置后"中使用三色阶的自定义样式，从白色过渡到红色，颜色越深温度越高。这样的表示效果比"设置前"中的更符合实际意义。

步骤要点

选中数据区域后，在"条件格式"下指向"色阶"选项，然后在展开的列表中单击"其他规则"命令，如右图所示。

在弹出的"新建格式规则"对话框中，选择"格式样式"列表中的"三色刻度"，在"最小值"的"颜色"列表中选择白色，然后依次设置"中间值"为浅红色，"最大值"为深红色，如右图所示。

思维拓展

在"新建格式规则"对话框中，还可以选择其他类型进行设置。如右图所示，当选取一组数据后，在"新建格式规则"对话框中单击"使用公式确定要设置格式的单元格"，然后在"编辑"框中的"为符合此公式的值设置格式"文本框中输入公式"=IF(B2>5000,"优",B2)"，该公式是复制数据源中 C2 单元格中的公式，表示当销量大于 5000 时，显示"优"，否则显示原数据。然后单击"格式"按钮，在弹出的"设置单元格格式"对话框中设置字体的"字型"和"颜色"，如下页左下图所示。

经过上面两步的设置后，数据源的 C 列单元格中的部分单元格显示了红色、斜体字体，而显示"优"的单元格还是保持了原来默认的字体样式。其实在 C 列单元格中输入了一致的公式，而表格中只突出显示了符合公式的"值"的单元格！如下页右下图所示。

3.5 用图标集让你的数据大放异彩

> 我想根据员工的工龄显示出不同的级别，虽然色阶可以根据值的大小标记不同的颜色，但是颜色过多有种眼花缭乱的感觉。想用图标集来展示却又不知如何下手！

> 其实条件格式中的各种规则都可以通过自定义方式设置，对于你说的情况，我们可以选择样式多变的图标来表示。下面一起来看看如何设置多样式的图标集吧！

图标集是"条件格式"下的最后一种规则，它将多种样式的图标汇聚在一起，表示不同范围内的数据。图标集可按"方向""形状""标记"和"等级"进行划分，每种样式下都有多种选择供参考，不仅形式多变，而且在不同类型中颜色也是丰富多彩的。像其他规则一样，读者还可在"新建格式规则"对话框中设置更多样式的图标集，让你的数据大放光彩。

情景对比

员工编码	姓名	入职时间	工龄	设置前
001	张开	2010年9月	4	
002	李昊	2009年5月	5	
003	吴天宝	2011年8月	3	*****
004	郑天华	2008年6月	6	
005	余燕	2012年6月	2	
006	魏林	2013年4月	1	
007	潘才华	2008年6月	6	*****
008	朱江	2008年7月	6	*****
009	姚科	2010年5月	4	
010	王艾琳	2009年6月	5	*****

员工编码	姓名	入职时间	工龄	设置后
001	张开	2010年9月	4	▂▅▇
002	李昊	2009年5月	5	▂▅▇
003	吴天宝	2011年8月	3	▂▅▇
004	郑天华	2008年6月	6	▂▅▇
005	余燕	2012年6月	2	▂▅▇
006	魏林	2013年4月	1	▂▅▇
007	潘才华	2008年6月	6	▂▅▇
008	朱江	2008年7月	6	▂▅▇
009	姚科	2010年5月	4	▂▅▇
010	王艾琳	2009年6月	5	▂▅▇

应用分析

在"设置前"表格中，使用IF函数标记出工龄大于5年的员工，其表现形式虽然可观，但是对于那些工龄小于5年的员工没作任何标记，这样的表示难免会"顾此失彼"！如果选用"设置后"表格中的图标集来表示，并对不同范围内的数据标记出不同的样式，会让你的表格展示出不一样的效果。其中类似网络信号的图标，深色占据的格数就表示了数据的大小，工龄大于5年的呈现"满格信号"！

步骤要点

	f_x	=YEARFRAC(C2,NOW())

C	D	E	F
入职时间	工龄	级别	
2010年9月	4		
2009年5月	5		
2011年8月	3		
2008年6月	6		
2012年6月	2		

编辑规则说明(E):

基于各自值设置所有单元格的格式:

格式样式(O): 图标集 ▼ 反转图标次序(D)

图标样式(C): ▢▢▢ ✔ 仅显示图标(I)

根据以下规则显示各个图标:

图标(N)		值(V)	类型(T)
▮ ▼	当值是 >= ▼	5	数字 ▼
▮ ▼	当 < 5 且 >= ▼	3	数字 ▼
▮ ▼	当 < 3 且 >= ▼	2	数字 ▼
▮ ▼	当 < 2 且 >= ▼	1	数字 ▼
▮ ▼	当 < 1		

员工工龄是根据员工的入职时间来核算的。如左上图所示，在 D2 单元格中输入公式"=YEARFRAC(C2,NOW())"，按 Enter 键后就可显示员工当前的工龄。

在"级别"列中输入与 D 列中一样的公式，显示相同的结果。然后选取 E 列中的数据区域，在"图标集"选项下打开"新建格式规则"对话框，然后选择"图表集"的"图标样式"，勾选"仅显示图标"复选框，然后设置每种图标表示的数据范围，如右上图所示。

思维拓展

YEARFRAC(start_date, end_date, [basis]) 函数返回 start_date 和 end_date 之间的天数占全年天数的百分比。其中 start_date 是必需的参数，代表开始日期；end_date 也是必需的参数，表示终止日期；而 basis 参数是可选的，代表要使用的日计算基准类型。basis 参数类型有如下几种：

basis	日计算基准
0或省略	US (NASD) 30/360
1	实际天数 / 实际天数
2	实际天数/360
3	实际天数/365
4	欧洲 30/360

如果 start_date 或 end_date 不是有效日期，函数 YEARFRAC 返回错误值 #VALUE!；如果 basis ＜ 0，或 basis ＞ 4，函数 YEARFRAC 返回错误值 #NUM!。

Microsoft Excel 可将日期存储为可用于计算的序列号。默认情况下 1900 年 1 月 1 日序列号为 1，而 2014 年 1 月 1 日的序列号为 41640，这时因为它距 1900 年 1 月 1 日有 41460 天。

3.6 在表格中展示你的图表

我感觉你给我介绍的那几种规则真是太实用了！为了表示不同时期内数据的变化，我将多组数据都使用了数据条，这样就可以根据数据条的长短来分析数据的变化了。

如果对多组数据使用数据条的话，被填充得五彩缤纷的单元格其实是不太方便数据分析的，这里给你介绍一种更实用的表达方式——迷你图！

迷你图是工作表单元格中的一个微型图表，可对数据进行直观表示，它包括折线图、柱形图和盈亏图。迷你图以单元格为绘图区域，可以便捷地为读者绘制出简明的数据小图表。通过在数据旁边插入迷你图，可显示一系列数据的趋势，帮助读者分析数据。如果迷你图中的数据源发生改变，则相应的图形也随之改变。迷你图的样式设置与常规的图表一样，只是它的表现形式更加简单而已。

情景对比

设置前

A	B	C	D
公司各部门日常费用开支状况			
部门 \ 日期	1月	2月	3月	4月
市场部	4214	3544	4518	4509
行政部	2963	2010	3321	3106
人事部	3820	4095	3968	2988
财务部	2980	3210	3645	1999

设置后

A	B	C	D	E
公司各部门日常费用开支状况				
部门 \ 日期	1月	2月	3月	4月	迷你图
市场部	4214	3544	4518	4509	
行政部	2963	2010	3321	3106	
人事部	3820	4095	3968	2988	
财务部	2980	3210	3645	1999	

应用分析

　　对比上面左右两图，"设置前"从客观上表示了每组数据的变化情况（按行分组），但是这样表示本身存在的不足是，如果单元格足够小，会导致每组单元格都会被填充满，从形式上就分辨不出数据的大小，而且组数增多，颜色种类就增多，也会对视觉产生困扰。而"设置后"中使用了迷你图，不仅展示了每组数据的变化情况而且整体上比"设置前"图表简洁很多，表现得也更加清楚，用这种简单、直观、方便的图形分析数据才更加快捷！

步骤要点

在"插入"选项卡下的"迷你图"组中单击"折线图"按钮，打开"创建迷你图"对话框，在"数据范围"选取工作表中的 B3:E6 单元格，再设置"位置范围"为 $F$3:$F$6 单元格区域，如上页左上图所示。为所选区域插入折线迷你图后，在"迷你图工具 > 设计"选项卡下的"显示"组中勾选"标记"复选框，如上页右上图所示，这样就在默认的折线迷你图中将各转折点用圆点标记突出显示出来。

思维拓展

在"迷你图工具 > 设计"选项卡下的"类型"组中可以更改迷你图的类型，在"样式"组中可以为迷你图选择各种样式、更改迷你图颜色和标记颜色等。以上文中的数据为例，更改折线图为柱形图，再对其样式进行设计，其过程和结果如下图所示。

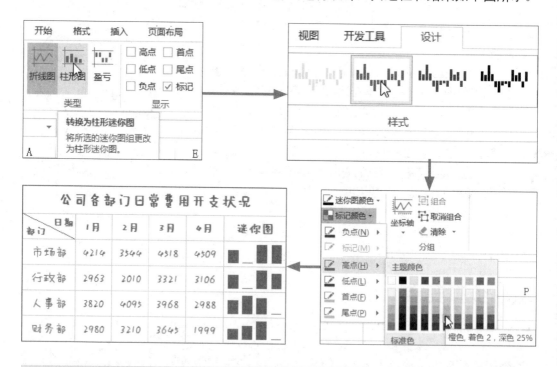

读书笔记

第 **4** 章

数 据 形 式 改 变 所
引 起 的 图 表 变 化

- 改变数据单位会让图表内容更简洁
- 行列数据互换后的图表差异
- 用部分结果展示整体趋势
- 用负数突出数据的增长情况
- 重排关键字顺序使图标更合适
- 日期格式的简写误导图表趋势

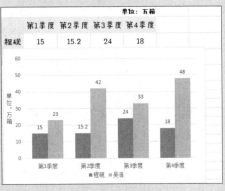

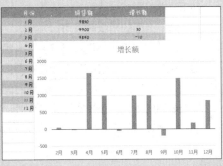

4.1 改变数据单位会让图表内容更简洁

我们常见的数量单位有一、十、百、千、万、亿、兆等，万以下是十进制，万以上则为万进制，即万万为亿，万亿为兆；小数点以下为十退位。在 Excel 中，数据单位是否合理直接影响了图表的表达形式，如果数据单位没有设置恰当，制作的图表不但不能准确传递数据信息，还可能误导用户对图表的使用，或者使设计的图表失去意义。

情景对比

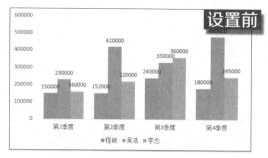
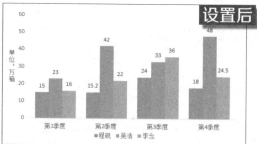

应用分析

对比上面的两张图表可以发现，"设置后"中的图表Y坐标值及系列上的数据点看起来更容易接受，一眼便能辨别出同季度下不同员工的销量多少，而"设置前"中却还需要细心观察不同值的数字位数才可作比较，在实际的运用中会浪费大量时间在图表的阅读上，这就失去了制作图表的作用——使数据直观、清晰，实现轻阅读、快阅读。

步骤要点

季度销售量统计			
			单位：箱
	第一季度	第二季度	第三季度	第四季度
程砚	150000	152000	240000	180000
吴洁	230000	420000	330000	480000
李仝	160000	220000	360000	245000

季度销售量统计			
			单位：万箱
	第一季度	第二季度	第三季度	第四季度
程砚	15	15.2	24	18
吴洁	23	42	33	48
李仝	16	22	36	24.5

将左上图中的原始数据统一缩小万倍，得到右上图中的结果，并将原始数据中的单位"箱"改为"万箱"。

思维拓展

用改变数据单位的方式来改变图表的表现形式，这让我们重回数据本身的计法上，不同的计数方法会带给我们不一样的效果，常见的计数方法有科学计数法和千位分隔符。

科学计数法是数学专用语，它是将一个数字表示成 a 乘以 10 的 n 次幂的形式，其中 $1 \leqslant |a| < 10$，n 为整数。例如 920000 可以表示为 9.2×10^5，读作 9.2 乘 10 的 5 次幂。

千位分隔符，其实就是数字中的逗号。千位分隔符来自西方，人们在数字中，每隔三位数加进一个逗号，以避免因数字位数太多而难以快速看出它的值。

在英语的读写中没有"万""亿"，只有"千（thousand）""百万（million）""十亿（billion）"，所以在英语中，1,000（一千）读写为 one thousand，1,000,000（一百万）读写为 one million，1,000,000,000（十亿）读写为 one billion。中国人引用西方的这种观念，也逐渐引用西方国家常用的 kg（千克）、km（千米）、kΩ（千欧）等单位。

假如有这样一个数值：190000。在中国，人们习惯读写为 19 万；但是在西方国家，他们则会说 one hundred and ninety thousand。这就是文化不同造成的思维差异，但是这并不影响数字本身的大小，所以也无对与错之说。

在实际的工作中，人们通常会遵循先"习惯"后"科学"的方式去保留数字单位。这里的"科学"是一种知识体系，而"习惯"则是人们约定俗成的一种常态。

如 1000 厘米的表示形式：

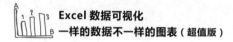

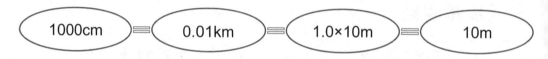

| 1000cm | = | 0.01km | = | 1.0×10m | = | 10m |

在这样的一个例子中，人们普遍接受用 10 米来表示 1000 厘米。

4.2 行列数据互换后的图表差异

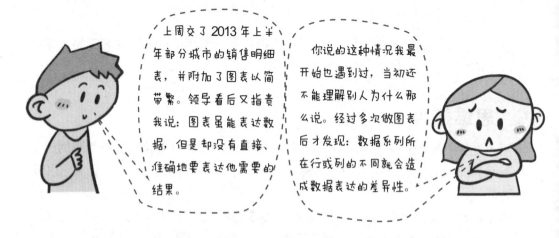

上周交了 2013 年上半年部分城市的销售明细表，并附加了图表以简带繁。领导看后又指责我说：图表虽能表达数据，但是却没有直接、准确地要表达他需要的结果。

你说的这种情况我最开始也遇到过，当初还不能理解别人为什么那么说。经过多次做图表后才发现：数据系列所在行或列的不同就会造成数据表达的差异性。

在制作图表过程中，有一个不可小视的点，就是数据系列产生在行还是在列的问题。系列产生于"行"，意思是图表的数据分类项目用的是数据中的行字段，即水平轴方向上以行字段作为分类项目；同理，系列产生在"列"就是以数据中的列字段作为图表的数据分类项目。

情景对比

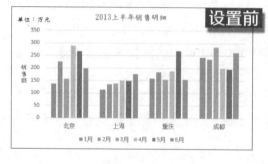

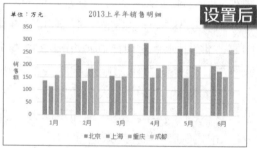

应用分析

对于上面的两张图表，"设置前"是将"城市"作为数据的分类项目，也就是系列在行上，而互换行/列数据后，"月份"就成为数据的分类项目，即"设置后"中的结果。两张图表的差异在于，每个分类项目中的数据条数量不同，因为"设置前"中的数据条代表"月份"，有6个月；而"设置后"中的数据条代表"城市"，有4个城市。如果想重点对比城市间的数据稳定性，则"设置前"中的效果明显；若要对比不同月份下各城市的数据大小，则"设置后"具有更好的表达效果。

步骤要点

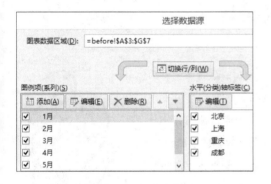

选中图表，单击"图表工具 > 设计"选项卡下"数据"组中的"选择数据"按钮，在弹出的对话框中，单击"切换行 / 列"按钮即可互换行列数据，如上图所示。

思维拓展

行列数据的互换其实就是图表数据源形式的变化。在一般情况下，我们会刻意将图表的源数据放在连续的行或列单元格中，这样就可以选择连续的数据区域制作图表。但是在很多情况下，数据并非都是连续排列的。有时因为工作需要，会根据数据的重要性编排数据，在这种情况下若要制作图表，可利用 Ctrl 键的辅助功能选择离散的数据源，如右图所示。

	A	B	C	D	E	F
	2010级7班前5名成绩表					
	姓名	性别	语文	数学	英语	总分
	李宵云	女	88	95	96	279
	郑天华	男	80	85	89	254
	陈雪梅	女	81	84	82	247
	贾娟	女	78	82	85	245
	张科	男	78	80	79	237

如果选择了多余的数据列，在生成的图表中也显示了不必要的数据。这时可以单击系列，选中图表中该系列的所有数据点，然后按 Delete 键将其删除。这样不仅在图表上删除了系列的显示，图表的源数据区域中也不包括误选的不必要的数据，如下图所示。

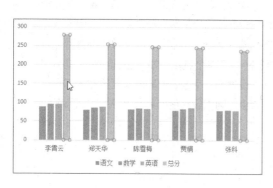 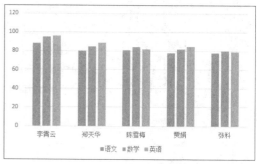

4.3　用部分结果展示整体趋势

每天做的那些图表让我感觉头好大！这不，为了体现数据的完整性我将上月的所有销售数据做成了走势图表，没想到因为数据太多也被批评了。

你知道森林与树木的关系吗？它们类似于统计学中的总体与样本。在面对数据较多的时候，如果部分数据能说明整体趋势，何不用样本去表示总体呢！

柱状图和折线图皆适用于表示相同指标的推移走向。比起仅限线形推移的折线图，以面来呈现各指标走向的柱状图在视觉方面更胜一筹。有时为了在表现数据走向时还需查看具体的数据，选用柱状图表示会比折线图更直接。但是柱状图在表示趋势时有一个缺陷，就是如果数据量太多，不容易判定数据走向，因为它太容易受相邻柱形间的影响。这时从数据系列中摘取一部分数据，如果这些数据点能够说明整体情况而不会误导读者对过去和未来做出错误的判断，则用部分表示整体是一种可取的方法。

情景对比

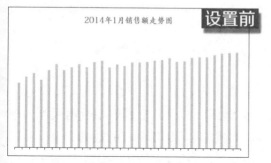

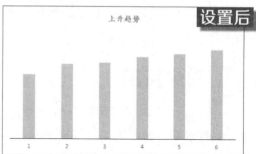

应用分析

　　在"设置前"图表中显示的是完整的数据点，像一排排参差不齐的树，若只是查看2014年1月份销售的一个大概走势，此图显得有点烦琐；"设置后"中是等距抽样的6个数据绘制的图表，该图表从整体上显示了数据的一个上升趋势，同时阅读起来比"设置前"中的图表更轻松。这说明绘制许多的数据点并不一定会获得更好的效果，有时可能适得其反。

步骤要点

在"数据分析"对话框中打开"抽样"对话框，设置"输入区域"为"B2:AE2"，设置抽样方法为"周期"，输入"间隔"为"5"，然后设置输出区域A5单元格。单击"确定"按钮后，A5单元格后就显示了等距抽样结果，如上页图所示。

思维拓展

在实际工作中可以用部分数据去代表整体结果，如果是根据前期数据预测未来值，则选取最近时间内的数据更有利。所以，如果已知2013全年的数据结果，且以基本稳定的速度增长，则摘取2013年第四季度的数据就可以预测2014年第一季度的销售情况，这并不是欺骗行为。

然而，在右侧的图表中若摘取后三个数据去预测下一年的结果就会误导读者。

从这样的预测结果来看，2014年该企业的财务状况是盈利的，且保持着较稳定的态势发展。但是这可信吗？

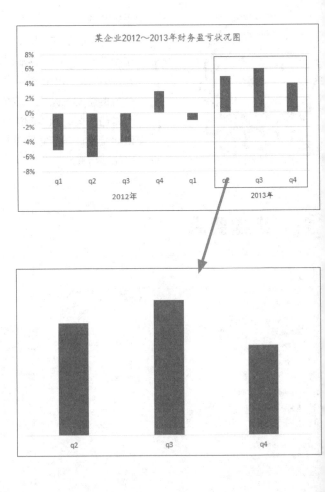

在此例中，将前几个季度的真实数据排除在外，隐藏了表现不佳的数据，这样预测出的结果不但不可信，还使预测失去了意义。

4.4 用负数突出数据的增长情况

市场部经理吩咐我用 2013 年的销售额数据做图表，主要分析 2013 年销售额的增长情况。当时我不假思索地就将每个月的数据做了一份折线图，自认为没错的我还是因此被批评了。

用折线图去表示数据的增长情况确实没错，但是你在做图表前是否认真思考过，用什么样的数据去表示增长情况会更好呢？其实增长额或是增长百分比会有不一样的效果哟。

　　我们在计算产值、增加值、产量、销售收入、实现利润和实现利税等项目的增长率时，经常使用的计算公式为：增长率（%）=（报告期水平－基期水平）/ 基期水平 ×100%= 增长量 / 基期水平 ×100%。报告期和基期构成一对相对的概念，报告期是基期的对称，是指在计算动态分析指针时，需要说明其变化状况的时期；基期是作为对比基础的时期。

情景对比

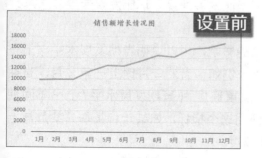

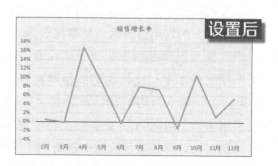

应用分析

　　用"设置前"中的图表来表达数据增长情况并不为过，从图表中我们可以看出2013年销售额的一个增长趋势。但是此处选用了增长额来分析2013年的增长情况，使数据波动的大小和负增长的情况并不那么显而易见。在"设置后"中，折线的起伏不定表示了数据的波动情况，而且在零基线上方展示了数据的正增长，还有一小部分在零基线下方，说明2013年的销售额数据有负增长的情况，这就是用增长率来分析数据的优势。

步骤要点

	月份	销售额
1	月份	销售额
2	1月	9850
3	2月	9900
4	3月	9890
5	4月	11550
6	5月	12550
7	6月	12500
8	7月	13500
9	8月	14500
10	9月	14300
11	10月	15810
12	11月	16000
13	12月	16850
14		

月份	销售额	增长率
1月	9850	
2月	9900	0.5%
3月	9890	-0.1%
4月	11550	16.8%
5月	12550	8.7%
6月	12500	-0.4%
7月	13500	8.0%
8月	14500	7.4%
9月	14300	-1.4%
10月	15810	10.6%
11月	16000	1.2%
12月	16850	5.3%

在 C3 单元格中输入计算增长率的公式 "=(B3-B2)/B2"，按 Enter 键后显示结果，拖动 C3 单元格右下角的十字形状填充单元格区域 C4:C13。结果如右上图所示。

思维拓展

在分析数据的增长情况时，引入了比较生疏的两个概念：报告期水平和基期水平。由这两个概念我们还可以了解有关统计分析中常用的发展速度。

发展速度由于采用基期的不同，可分为同比发展速度、环比发展速度和定基发展速度，它们均用百分数或倍数来表示。

同比发展速度主要是为了消除季节变动的影响，用以说明当期发展水平与上一年同期发展水平对比而达到的相对发展速度。例如，当期 2 月比上一年 2 月，当期 6 月比上一年 6 月等。其计算公式为：同比发展速度 =(当期发展水平 / 上一年同期发展水平－1)x100%。 在实际工作中经常使用这个指标，如某年、某季、某月与上年同期对比计算的发展速度，就是同比发展速度。

环比发展速度是以报告期水平与其前一期水平对比（相邻期间的比较），所得到的动态相对数，表明现象逐期的发展变动程度。如计算一年内各月与前一个月对比，即 2 月比 1 月，3 月比 2 月，4 月比 3 月，……12 月比 11 月，说明逐月的发展程度。

定基发展速度也叫总速度，是报告期水平与某一固定时期水平之比，表明这种现象在较长时期内总的发展速度。如"九五"期间各年水平都以 1995 年水平为基期进行对比，一年内各月水平均以上年 12 月水平为基期进行对比，就是定基发展速度。

如下图所示，根据 2012 年和 2013 年每月的销售额，计算同比发展速度、2013 年的环比发展速度和 2013 年的定基发展速度。

2012年～2013年各期销售额数据											单位：万元
	1月	2月	3月	4月	5月	6月	7月	8月	9月	10月	11月	12月
2012年	98	100	102	110	108	106	112	118	115	116	110	120
2013年	102	105	110	102	99	106	103	109	111	112	109	115
同比发展速度（2013年比2012年）	4%	5%	8%	−7%	−8%	0%	−8%	−8%	−3%	−3%	−1%	
环比发展速度（2013年为例）		103%	105%	93%	97%	107%	97%	106%	102%	101%	97%	
定基发展速度（上一年12月作为基准）	85%	88%	92%	85%	83%	88%	86%	91%	93%	93%	91%	

4.5　重排关键字顺序使图表更合适

条形图和柱形图最常用于说明各组之间的比较情况。条形图是水平显示数据的唯一图表类型。因此，该图常用于表示随时间变化的数据，并带有限定的开始和结束日期。另外，由于类别可以水平显示，因此它还常用于显示分类信息。

情景对比

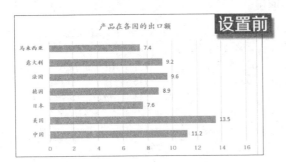

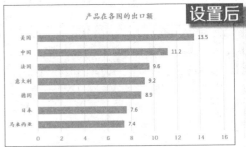

应用分析

　　一看"设置前"中的图表就知道源数据凌乱无序，无论是数据还是关键字毫无规律可言。条形图与柱状图一样，在表示项目数据大小时，一般都会先对数据排序。在"设置后"图表中，就是对数值按从大到小的顺序排列后的效果。对于条形图，人们习惯将类别按从大至小的次序排列，也就是要将源数据按降序排列才会达到此效果。

步骤要点

　　在左上图中，选定 B2 单元格，切换至"数据"选项卡下，在"排序和筛选"组中单击"升序"按钮，便可得到右上图所示的结果。

思维拓展

水平条形图的主要性质是根据相同的属性排列条目，所以不能随意绘制水平直条图的顺序。

当根据相同特点排列条目时，比如上例中用产品出口额对国家进行排名，此时水平条形图最实用。在进行比较时，应避免使用网格线。网格线的添加会让水平直条图的相对长度难以辨别，直接标注数据标签会更加清晰。

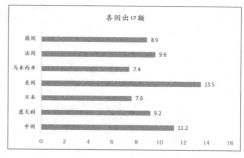

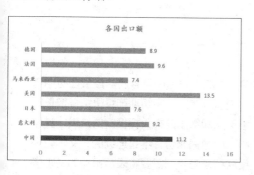

当对水平直条按"国家"关键字的降序排列后，若要特定标记出"中国"的出口额，可以为该直条填充不同的明度予以提醒。

4.6 日期格式的简写误导图表趋势

在分析前几年产值趋势情况时，我将年份值2011/1/1简写成了文本形式11年。但是领导看了图表后，说我的图表有问题，却未告知哪里不对。难道就是因为我表达日期的形式不对？

其实你的图表也不算不对，只是在表示时让你的领导产生了错觉。他需要查看连续时间段内的趋势情况，所以在输入日期时就不能写成你说的那种形式！

通常我们在表示一些日期时，为了突出简单易懂，经常用日期的略写形式来表达，这在图表应用中会给读者带来困惑，其实这关系到文本坐标和日期坐标的使用问题。一般如果希望对比各个分类点的数据大小，则文本坐标会比较适用，因为它与横坐标无直接关系，它们是独立分开的考察数据，常见在柱形图或条形图中；而如果希望展现数据在连续时间上的分布或趋势，则选用日期坐标来绘制折线图会更有效。

情景对比

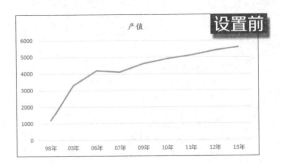

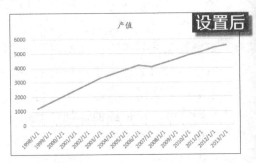

应用分析

从"设置前"中的折线图中可看出，产量在初期增长幅度比较大，而"设置后"中初期产量呈缓慢增长状态。同样的一组数据却得出这样大相径庭的结果，其原因就是"设置前"中数据年份并不是连续的。文本型坐标并不能真实反映数据趋势，需要将表示日期的文本格式转换成日期格式才能避免"设置前"中的失误。

步骤要点

	年份	产值（万）
1		
2	98年	1200
3	03年	3300
4	06年	4200
5	07年	4100
6	09年	4600
7	10年	4900
8	11年	5100
9	12年	5400
10	13年	5600
11		

	年份	产值（万）
1		
2	1998/1/1	1200
3	2003/1/1	3300
4	2006/1/1	4200
5	2007/1/1	4100
6	2009/1/1	4600
7	2010/1/1	4900
8	2011/1/1	5100
9	2012/1/1	5400
10	2013/1/1	5600
11		

将如上页左上图所示的数据源中的年份值简写形式，修改为年月日的类型，结果如上页右上图所示。

思维拓展

数据分析工作不仅仅要有分析数据的能力，还需要对文字有强烈的表述能力，比如给出一份原始数据，如左下图所示。如果不认真阅读，有人会直接将原始数据作为数据源进行绘图工作，从而得出一个貌似呈指数增长的趋势折线图，如右下图所示。

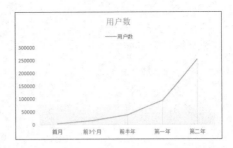

通过观察分类坐标可以发现，上面各个数据的时间记录点并不是等间隔地均匀分布，因此这样的结果并不准确。想要得到更加真实的结果，需要对原始数据进行加工改造，把代表时间阶段的内容替换成实际月份数，如左下图所示的表格。然后再根据此数据制作图表，便可以得出一个合理的近似线性增长的趋势图，如右下图所示。

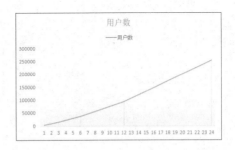

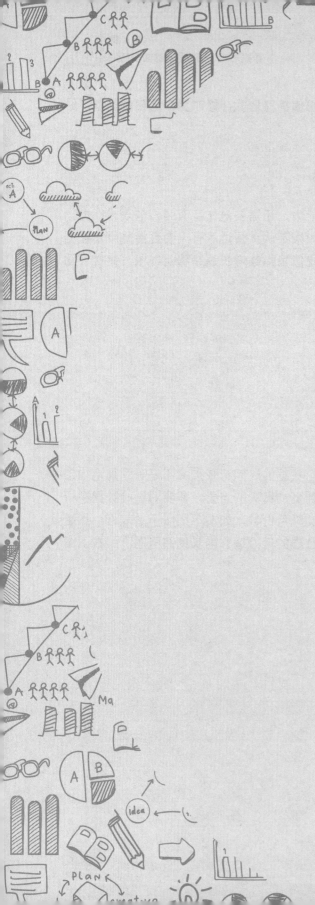

第 **5** 章

对比关系中的直条图

- 以零基线为起点做到万无一失
- 垂直直条的宽度要大于条间距
- 不要被三维效果的柱状图欺骗
- 避免使用水平条形图中的网格线
- 图例位置的摆放要恰当
- 使用相似的颜色填充柱形图中的多直条
- 用并列对称条形图展示对立信息
- 用堆积图表示百分数的好方法
- 使用对数刻度减少数据间的差异

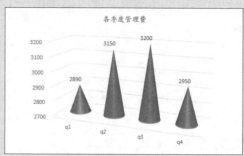

5.1 以零基线为起点做到万无一失

上周给总经理做了一张部门日常费用图表，在图表中还特意修改了零基线的位置，本想让他看到差异性的数值，但却被退了回来重做。

切记在条形图中不要随意修改图表的零基线位置！虽然改变零基线位置可以让有差异的数值更加明显，但会误导了人们对图表的阅读。

零基线顾名思义就是以零作为标准参考点的一条线，在零基线的上方规定为正数，下方为负数，它相当于十字坐标轴中的水平轴。在 Excel 中，常说的零基线就是图表中数字的起点线，一般只展示正数部分。若是水平条形图，零基线与水平网格线平行；若是垂直条形图，则零基线与垂直网格线平行。

情景对比

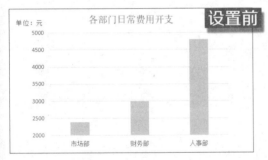

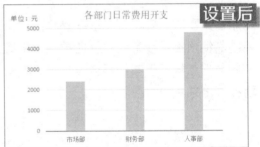

应用分析

在上面两张图表中，左上图的数据起点是2000元，从中可以读出每个部门的日常开支，而右上图的数据起点是0，即把零基线作为了起点。但是左上图的不足之处在于不便于对比每个直条的总价值，乍看之下感觉人事部的开支是财务部的两倍还多——而事实上人事部的数据只比财务部多了1500多元。这种错误性的导向就是数据起点的设定不恰当造成的。

步骤要点

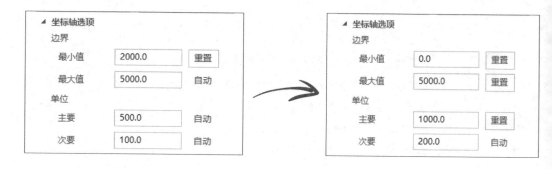

打开"设置坐标轴格式"窗格，在"坐标轴选项"下将"边界"组中的"最大值""最小值"和"单位"组中的"主要""次要"数字改为如右上图所示的结果。

思维拓展

零基线在图表中的作用如此重要，所以不能忽视跟零基线有关的任何关键点。比如在绘图时，要特别注意零基线的线条要比其他网格线线条粗、颜色重。如果直条的数据点接近于零，那么一定要将其数值标注出来，如右图所示。

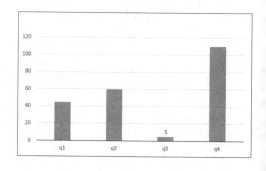

有时为了突出数据差异而又不改变零基线的位置，可以尝试在图表中绘制数据点变化或百分比变化，用差异值做的图表更形象直观，而且不会误导读者的思维，如下图所示。

季度	收益（万元）	同上季度相比（万元）	同一季度相比（%）
S1	23		
S2	30	+7	30.4%
S3	41	+11	78.3%
S4	56	+15	143.5%

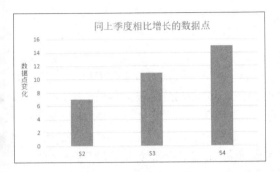

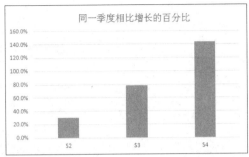

5.2　垂直直条的宽度要大于条间距

在前期确实好好学习了你给我的那些有关图表源数据处理的知识，希望在后期的图表制作中能给我更多的意见。比如，制作直条图时对数据系列有什么要求吗？

这次你的问题很具体，知道事先考虑问题了！其实，对于直条图（条形图和柱状图）还是有很多细节需要注意的，今天就给你说说直条宽度与条间距的关系吧。

在柱状图或条形图中，直条的宽度与相邻直条间的间隔决定了整个图表的视觉效果。即便表示的是同一内容，也会因为各直条的不同宽度及间隔而给人以不同的印象。如果直条的宽度小于条间距，则会形成一种空旷感，即读者在阅读图表时注意力会集中在空白处，而不是数据系列上。

情景对比

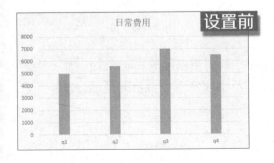

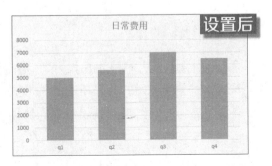

应用分析

在上面的两张图表中，"设置前"中直条宽度明显小于条间距，虽然能从中读出想要的数据结果，但是相较于"设置后"中的图形，就显得有点"娇气"。直条是用来测量零散数据的，如果像"设置前"中直条太窄，视线就会集中在直条之间不附带数据信息的留白空间上。所以将直条宽度绘制在条间距的一倍以上两倍以下最为合适，如"设置后"中所示。

步骤要点

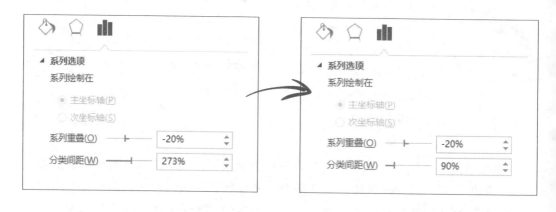

双击直条形状选中系列，按 Ctrl+1 组合键打开数据系列格式窗格，在"系列选项"下设置"分类间距"的百分比大小。分类间距百分比越大，直条形状就越细，条间距就越大，所以将分类间距调为小于等于 100% 较为合适。

思维拓展

在介绍数据系列条间距时，系列重叠是数据系列格式中的另一个知识点。但是对于系列重叠的使用并不是所有的柱形图都适合，必须有多个数据分类项目才可用。它的作用是将同一数据分类项目中的数据条分开或重叠。

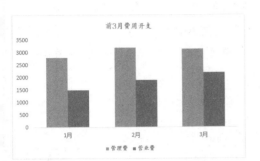

左图是统计出的某企业 2014 年前 3 月的管理费和营业费开支情况，该图是在默认情况下生成的样式。注意，此处的直条宽度是"管理费"和"营业费"两个直条宽度之和，它是大于条间距的。

双击图表中任意数据系列，打开数据系列格式窗格，在"系列选项"下设置"系列重叠"值为"-5%"，表示同一数据分类项目中两直条以条间距的 5% 距离分开，其结果如右下图所示。如果设置为大于零的百分比，则表示同一数据分类项目中两直条的重叠程度。

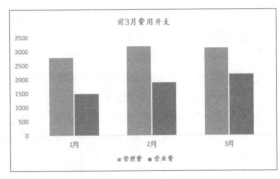

5.3 不要被三维效果的柱形图欺骗

三维效果可以增加立体感，在象形图形中还具有真实感。那如果我们将图表也做成三维效果，是不是更形象、具体、美观呢？

在大多数情况下，三维效果就是为了体现立体感和真实感的。但是这并不适用于柱状图中，因为柱状图顶部的立体效果会让数据产生歧义。

柱状图是表示数量推移走向，使读者明确各项目变化的图解。比起只有数字的表格，柱状图的诉求力更强。但是若要一味地表达图表的诉求力而盲目地添加图表元素，会给图表带去"负罪感"。如在柱形图中使用 3D 效果就会让形状的样式欺骗读者的眼睛，失去正确的判断力。

情景对比

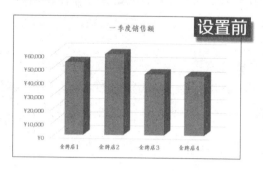

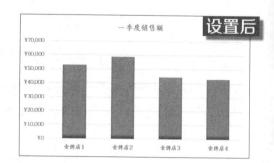

应用分析

　　在上面的"设置前"图表中使用了三维效果展示各店一季度的销售额，细心的读者会疑惑直条的顶端与网格线相交的位置在哪里？也就是直条对应的数据到底是多少并不明确，即在图表中不能读出我们需要的数据，这种错误在图表分析过程中是不可原谅的。所以切记不能将三维效果用在柱形图中，若要展示一定程度的立体感，可以选用不会产生歧义的阴影效果，如"设置后"中的图表。

步骤要点

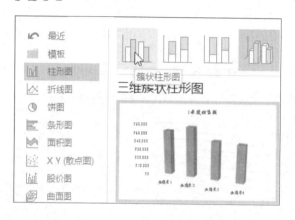

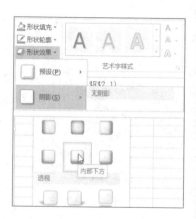

选中三维效果的图表，然后在"图表工具 > 设计"选项卡下单击"类型"组中的"更改图表类型"按钮，在弹出的图表类型中，选择"簇状柱形图"，如上页左上图所示。

如果想为图表设计立体感，可以先选中系列，在"格式"选项卡下设置形状效果为"阴影 - 内部 - 内部下方"，如上页右上图所示。

思维拓展

在 Excel 图表中，不是不能使用三维效果，只是对于直条图不适用而已。其实，如果想用 3D 效果展示图表数据，可以换一种图表类型，如圆锥效果就不错。它将圆锥的顶点指向数据，也就是在图表中每个圆锥的顶点与水平网格线只有一个交点，即指向的数据是唯一的、确定的。

如果需要制作三维效果的圆锥图，可以先制作成三维效果的柱状图，如右图所示，然后双击图表中的数据系列，打开数据系列格式窗格，在"系列选项"下有一组"柱体形状"，如左下图所示，单击"完整圆锥"单选按钮即可将图表类型设计为三维效果的圆锥状，如右下图所示。

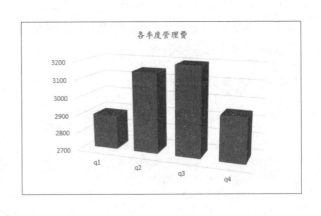

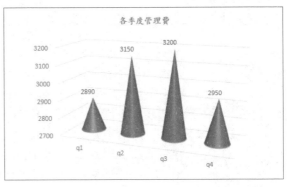

5.4 避免使用水平条形图中的网格线

条形图和柱状图的区别是什么？不是都可以作为分类项目的比较吗？为什么一般情况下可以在柱状图中使用网格线而在条形图中却要避讳呢？

它们确实都可以作为分类项目的比较，柱状图也可作为时间序列的变化，而条形图较少用于时间序列比较，但它特别适用于多分类项目的比较，特别是项目的名称特别长的时候。

    网格线的作用是方便读者在读图时进行值的参考，Excel 默认的网格线是灰色的，显示在数据系列的下方。如果把一个图表中必不可少的元素称为数据元素，其余的元素称为非数据元素，那么 Excel 中的网格线应属于非数据元素，对于这类元素，应尽量减弱或者直接删除。

📖 情景对比

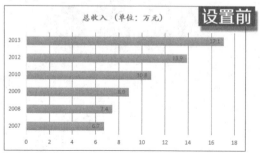

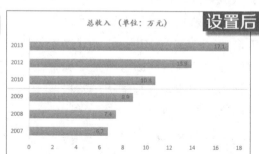

应用分析

    对比"设置前"和"设置后"中的图表，不难发现，"设置前"中添加了垂直方向上的网格线。虽然网格线能起到读取数值的作用，但不是任何图形都适合。在进行比较时，水平直条不如垂直直条方便，在水平条形图中使用网格线无疑增加了图形的复杂感，还让水平直条的相对长度难以辨认，若要读取数值只需显示数据标签即可。另外若直条过多，可以使用细线将直条分成3~5个一组，以帮助读者阅读，如"设置后"中的效果。

步骤要点

 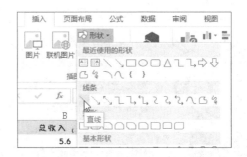

选中图表，单击"图表元素"按钮，在展开的列表中取消对"网格线"复选框的勾选，如左上图所示。此时图表上的网格线被取消。然后在"插入"选项卡下，单击"插图"组中"形状"右侧的下三角按钮，在展开的下拉列表中选择"直线"，如右上图所示。然后在图表的指定区域绘制一条直线。

思维拓展

在常用的柱状图中，有时为了增加图表的可读性，可以专门为图表的背景设置一些特别的效果，如填充颜色交替的网格线，效果如右图所示。

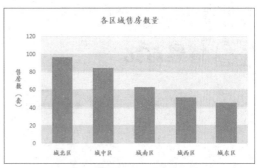

要实现上图中的背景效果，需要辅助列来填充颜色，而不能在图表上直接实现。

先在工作表中选择合适的列数和行数，为其填充颜色较亮的交替色，填充区域的大小要与图表区的大小一样，如左图所示。

然后选中图表，将其背景设置为白色，并设置"透明度"为"100%"，如右图所示。

5.5　图例位置的摆放要恰当

现在做图表要特别仔细，昨天的图表因为图例的摆放位置不合理都被我们主管叫到办公室详谈了一会儿。这图例有那么重要吗？

做数据分析这方面工作，任何一个小问题都不能马虎的。就说这图例的位置吧，它虽然不是图表的主要信息，但却是了解图表信息的钥匙。

　　要看懂图表，必须先认识图例。图例是集中于图表一角或一侧的各种形状和颜色所代表内容与指标的说明。它具有双重任务，在编图时是图解表示图表内容的准绳，在用图时是必不可少的阅读指南。

情景对比

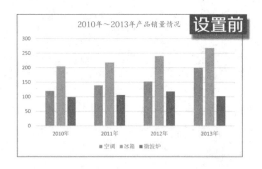

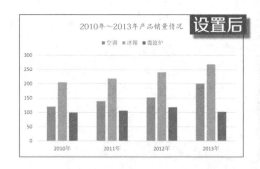

应用分析
　　无论是阅读文字还是图表，人们习惯于从上至下地去阅读，这就要求信息的因果关系应明确。在图表中，这一点也必须有所体现。然而在上面的"设置前"图表中，把解读图表的重要因素——图例放在了图表的下方，这使得读者要先从下方了解图例再回到中间部分查看图表内容。"设置后"中的图形，就明显地缩减了这一过程，它将图例放在了图信息的上方，根据阅读习惯，自然而然地加快了阅读速度。

步骤要点

选中图表，在"图表工具＞设计"选项卡下，单击"图表布局"组中的"添加图表元素"下三角按钮，在展开的列表中指向"图例"，然后单击"顶部"选项，如上面两图所示。在图表的默认情况下，图例都是在底部显示的。也可将图例放置在图表的左右侧，这比放置在图表下方更有效果。

思维拓展

柱形图常被用来对比不同项目的数值大小。对于肉眼能分辨出的差异大小，人们往往会忽略数据标签的显示，因为他们只需比较直条的长短，便能估计出差异的范围。如果对比的直条差异不大，肉眼也不能轻易地辨别直条的长度，数据标签的显示就显得尤为重要。

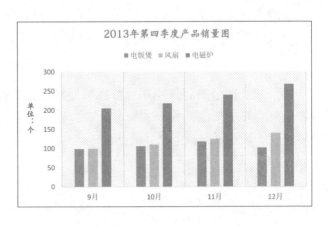

要显示数据标签，先选中图表，然后单击图表右上角出现的"图表元素"浮动图标，再勾选"数据标签"复选框即可，如下页左下图所示。添加数据标签后，可通过数字的大小对比直条的长度，如下页右下图所示。

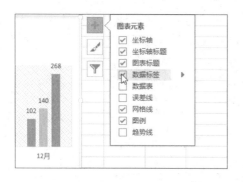
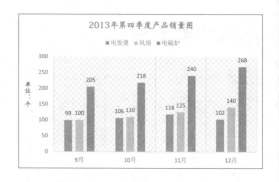

如果读者想删除多余标签，只显示部分的数据标签，可单击选中所有的数据标签，然后再双击需要删除的数据标签即可；或选中单独的某个标签，再按Delete键便可删除。

5.6　使用相似的颜色填充柱形图中的多直条

现在领导对图表的要求越来越高了，居然开始追问起图表系列的颜色！说特别是在直条图中，颜色过于花哨不方便对比数据。是这样吗？

当然是这样！系列颜色对图表的影响是很大的，使用不同颜色本是为了区分不同分类项目下的数据系列，如果颜色过于繁多，会让读者头晕目眩的。

一般在图表的制作初期对数据的要求较为严格，当逐渐熟练使用图表后，会对图表有更高的要求。除了本章前几节介绍的直条图中的零基线、直条宽度、三维效果外，图表的系列颜色也很重要。

情景对比

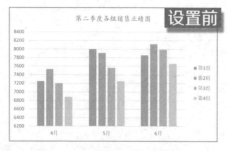
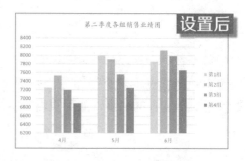

应用分析

"设置前"图是系统默认情况下的图表，图表中各系列颜色分明，认真对比可分辨出不同月份下每组的销售业绩情况。但若在"设置前"图表的基础上进行更改，使其颜色由亮至暗地过渡得到"设置后"中的图表。相比于前者，"设置后"中的图表具有更强的说服力，因为在多直条种类中（一般保持在四种或四种以下），后者在同一性质（月份）下会使阅读更轻松，因为它们的颜色具有相似性，不会因为颜色繁多而眼花缭乱。

步骤要点

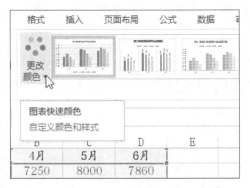

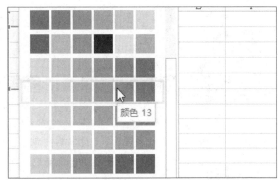

选中图表，在"图表工具 > 设计"选项卡下，单击"图表样式"组中"更改颜色"下三角按钮，如左上图所示。然后在展开的列表中选择"颜色 13"，如右上图所示。

思维拓展

在图表系列的颜色设计上，最好由明至暗进行布局。如果有一份从暗到明的图表，则可以用改变系列位置的方式来达到从明到暗的排列效果。

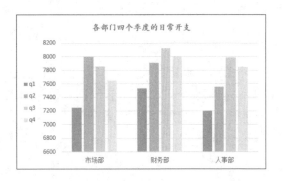

首先单击第一个直条，此时各数据分类项目中相同性质的直条被选中，这时在编辑栏中出现一组公式"=SERIES(拓展 !$B$1, 拓展 !$A$2:$A$4, 拓展 !$B$2:$B$4,1)"，将公式末尾的数字"1"改为数字"4"，按 Enter 键后可发现排列在第一位置的直条换到了第四（最后）位置，而其他直条依次向前推移一个位置。用同样的方法，可继续将排列后的第一个直条换在第三的位置，再将更新后的第一个直条换在第二的位置。这样便可对直条进行由明至暗的重排，相应的图例顺序也发生了变化。

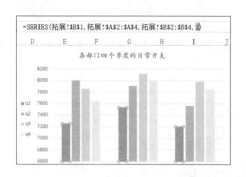
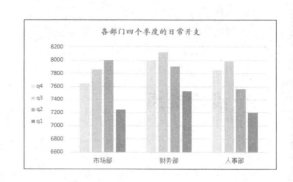

5.7 用并列对称条形图展示对立信息

我将男生 / 女生假期的娱乐方式数据做成了常见的条形对比图，虽然图表没什么错误，但却被提醒说：这种情况可以将条形图变换一种形式表达。这句话让我很迷惑，不知要怎么变化？

看来提醒你的那位是图表高手！其实他想跟你说的就是，将做得太简单的条形图进行变化，设计成具有对立关系的左右对比图，其样式特别，表达数据也直接，是对比图中很具代表性的图形。

条形图常被用来表示多项目的对比关系，特别是只有一两个系列类别时最适合。当系列类别大于 2 时，选择柱状图表示对比关系会比条形图更适宜，但是一般在对比图形中，系列数要小于等于 4。如果系列类别只有两个，则选用左右并列的条形图展示会更直观。

情景对比

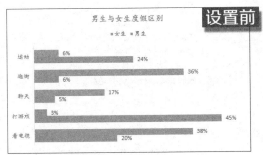

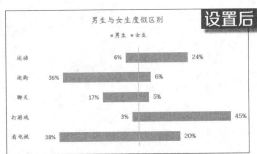

应用分析

　　"设置前"中的条形图重点表现的是男生和女生选择不同度假方式的比例大小对比，而"设置后"中的条形图是左右相反的两组直条，强调的是数据信息本身的对比，其对比效果更加直接。想要实现右上图所示的对比条形图，需要设置次要坐标值、与最大绝对值相等的最小值（负数），还需要设置逆序刻度值。这是左上图升级最主要的三个步骤。

步骤要点

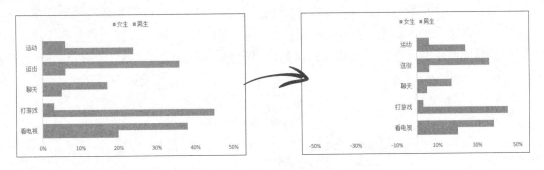

　　双击水平方向的坐标轴，打开坐标轴格式窗格，在"坐标轴选项"下设置边界"最小值"为"-0.5"，便得到右上图所示的效果。

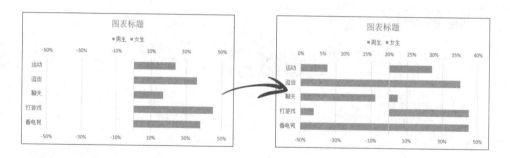

选中"女生"系列，在窗格中的"系列选项"下单击"次坐标轴"单选按钮，得到如左上图所示的效果。再双击"次坐标轴"，并在"坐标轴选项"下设置边界"最小值"为"-0.5"，得到如右上图所示的效果。

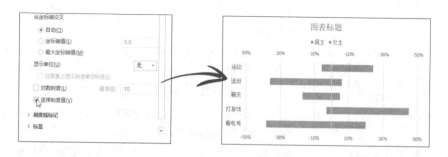

在"坐标轴选项"下勾选"逆序刻度值"复选框，如左上图所示。此时，图表样式变为右上图所示的效果。

思维拓展

对比条形图的制作方法除了上文介绍的方法外，还可以由两个条形图组合而成。先将两个对比系列分别绘制成条形，再将其中一个系列的坐标轴设置为逆序刻度值，删除不需要显示的元素，添加需要的信息便可得到。

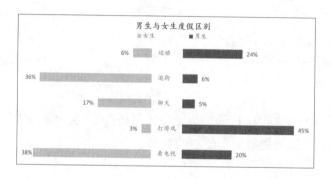

5.8　用堆积图表示百分数的好方法

我本想用堆积柱形图分析我们公司新员工的工作任务完成情况，但是怎么都表示不出我需要的部分占据整体的百分比效果，无奈之下还是选择了簇状柱形图来表示。

其实你需要的结果没那么难！也许堆积图不能表示你的结果，但是我们可以对需要的结果进行设计啊！对于你说的情况，只要设置数据系列的重叠效果就可达到哦。

柱形图按数据组织的类型分为簇状柱形图、堆积柱形图和百分比堆积柱形图，簇状柱形图用来比较各类别的数值大小；堆积柱形图用来显示单个项目与整体间的关系，比较各个类别的每个数值占总数值的大小；百分比堆积柱形图用来比较各个类别的每一数值占总数值的百分比。

情景对比

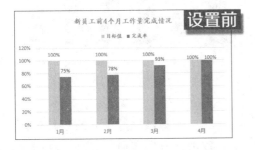

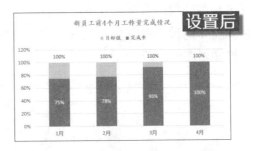

应用分析

　　图表中的数据所要表达的是4个月中某个新员工实际完成的工作量占目标工作量的百分数大小。"设置前"图表中浅蓝色直条所代表的100%数值完全就是画蛇添足，将其去掉反而会让图表更加简洁。如果想保留这一目标百分数，可以将"完成率"与"目标值"所代表的直条重合在一起，结果就是"设置后"中的效果。"设置后"中的图表从形式上加强了百分数的表达，特别是部分与整体的百分数效果更明确。

步骤要点

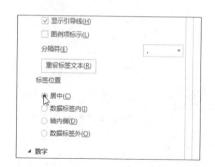

　　双击图表中"完成率"系列，在弹出的数据系列格式窗格中，设置"系列选项"下"系列重叠"值为"100%"，如左上图所示。再选中该系列上的数据标签，在"标签选项"下设置"标签位置"为"居中"，如右上图所示。

思维拓展

　　除了单独使用堆积图或柱状图比较数据外，这里再为大家介绍一种不用辅助列，但可在双坐标轴中并列显示两种子图表类型的方法，效果如右图所示。

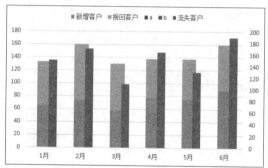

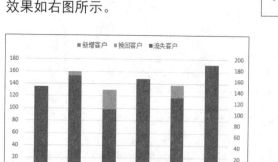

　　　　　　　　　　选择数据源插入堆积柱形图，双击"流失客户"系列，在弹出数据系列格式窗格中单击"次坐标轴"单选按钮，图表结果如左图所示。

　　然后打开"选择数据源"对话框，添加两个空系列 a、b。将"流失客户"项移至最下方，如下页左下图所示。在图表中右击"流失客户"系列，在快捷菜单中选择"更改系列图表类型"，在弹出的对话框中将图表类型改为"簇状柱形图"，如下页右下图所示。

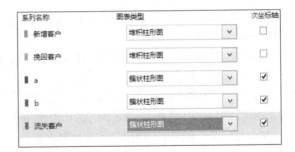

5.9 使用对数刻度减少数据间的差异

最近几天我都在研究股票行情，发现各行各业在同一天发生的交易额相差甚远，如果用图表展示行业之间的情况，可能导致小金额的数据被埋没。这不便于我分析啊！

在股票交易中，每天的交易额可达到几百万，甚至上亿。如果还按照默认的图表刻度值去分析数据就毫无意义了，为了减小数据间的差异，使用对数刻度会有很好的效果。

坐标轴的刻度类型分为常见的算术刻度、对数刻度和半对数刻度。算术刻度就是制作图表时系统默认的均匀坐标，即笛卡儿坐标。如果数据的值在一个很大范围内时，使用对数刻度可以降低数据间的差异。而半对数刻度就是一个普通的算术刻度和一个分布不均匀的对数刻度组合使用的刻度。

情景对比

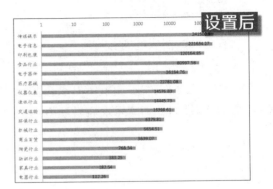

应用分析

　　由于各板块的资金净流入数据差距比较大，因此放在同一个图表上来展现的时候，有些比较小的数据几乎不显示图形，如"设置前"图表中的家具、电器等板块，这就让图表的展现效果打了折扣。究其原因是横坐标轴是均匀分布的100000、200000、300000等，而"设置后"中恰好将这均匀的刻度值改为指数级增长的10、100、1000等，使得各个量级的数据都能正常显示，并且在不同项目间仍能展现出符合数据逻辑的大小对比关系。

步骤要点

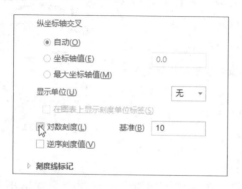

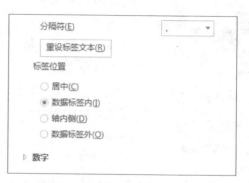

　　双击水平坐标轴，在弹出的"设置坐标轴格式"窗格中单击"坐标轴选项"的右三角按钮，在展开的列表中勾选"对数刻度"复选框，系统默认的"基准"数为"10"，如左上图所示。然后切换至数据标签格式窗格下，单击"标签选项"右三角按钮，在展开的列表中单击"标签位置"组中的"数据标签内"单选按钮，如右上图所示。

思维拓展

　　在 Excel 图表的对数刻度中，默认的底数为 10。此时为了绘制具有对数刻度的图表，可以输入如右图所示的表格数据，其中的 A、B 列分别表示次方数和幂结果。

	A	B	C	D
1	次方数	幂		
2	1	3		
3	2	9		
4	3	27		
5	4	81		
6	5	243		
7	6	729		
8	7	2187		
9	8	6561		
10	9	19683		
11	10	59049		

根据表格中的数据绘制散点图，默认的图表结果如左下图所示。其中的垂直轴是均匀的算术刻度，双击纵坐标，在弹出的"设置坐标轴格式"窗格中，单击"坐标轴选项"，在"显示单位"下方勾选"对数刻度"复选框，图表效果如右下图所示，即为半对数刻度坐标，且图表中的点呈直线分布。

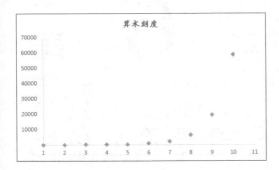
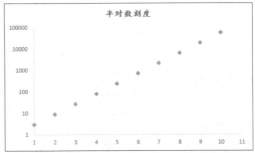

读书笔记

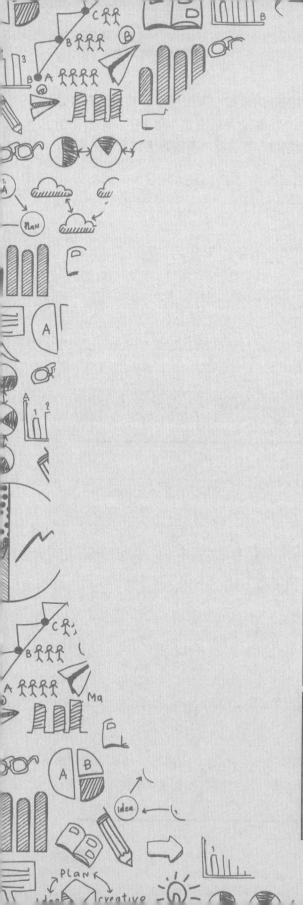

第 6 章

按时间或类别显示趋势的折线图

- 减小 Y 轴刻度单位增强数据波动情况
- 突出显示折线图中的数据点
- 折线图中的线条数量不宜过多
- 使用垂直线对应折线上的数据点
- 在折线图中添加柱形图辅助理解
- 通过相同系列下的面积图显示数据总额
- 让横坐标轴的数字类型更简洁
- 不要让轴标签覆盖了数据标签

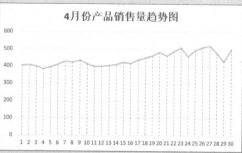

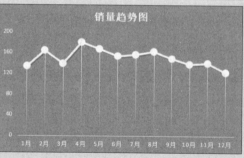

6.1 减小 Y 轴刻度单位增强数据波动情况

我记得在上一章节的内容中，你告诉我关于零基线的设置事项，还说为了不让读者产生错觉要从零基线做起。所以我将它应用在了折线图中，这有何不妥吗？

看来你记性不错呀！那你应该很清楚不要随意更改条形图中的起点位置。但是在折线图中，不以零基线为起点有事半功倍的效果哦！

折线图用于显示随时间或有序类别而变化的趋势，可能显示数据点以表示单个数据值，也可能不显示这些数据点，而表示某类数据的趋势。如果有很多数据点且它们的显示顺序很重要时，折线图尤其有用。当有多个类别或数值是近似的，一般使用不带数据标签的折线图较为合适。

情景对比

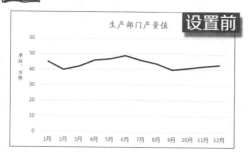

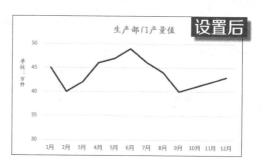

应用分析

对比"设置前"与"设置后"中的图表，可发现"设置前"中的Y轴边界是以0为最小值、60为最大值设置的边界刻度，并按10为主要刻度单位递增。而"设置后"中的图表Y轴是以30作为基准线，主要刻度单位按照5开始增加的。由于刻度值的不同使得"设置前"中折线位置过于靠上，给人悬空感，并且折线的变化趋势不明显；而"设置后"中的折线占了图表的三分之二左右，既不拥挤也不空旷，同时也能反映出数据的变化情况。通过对比发现，在适当时候更改折线图中的起点刻度值可以让图表表现得更深刻。

步骤要点

双击 Y 轴坐标，打开坐标轴格式窗格，在 "坐标轴选项" 下输入边界最小值 "30"，边界最大值 "50"，然后输入主要单位值 "5"，结果如右上图所示。

思维拓展

在折线图中 Y 轴表示的是数值，X 轴表示的是时间或有序类别。上文对 Y 轴刻度进行优化后，还应该对 X 轴的一些特殊坐标轴进行编辑。例如常见的带年月的日期横坐标轴，如果是同年内一般只显示月份即可，如果是不同年份的数据点，就需要显示清楚哪年哪月。如右图所示是 2012 年 9 月到 2013 年 6 月的数据。

日期	A店铺	B店铺
2012 年 9 月	5	5.2
10 月	6.5	5.3
11 月	6.4	5.8
12 月	7.1	6.2
2013 年 1 月	7.3	5.9
2 月	7.8	6.4
3 月	7.3	6.5
4 月	6.9	6.9
5 月	7.1	7.2
6 月	7.4	6.8

经过数据源形式的一些变化，重新制作的图表效果如右图所示。对比两张图表，后者横轴的日期文本确实更清楚。大家一看也能明白月份属于何年。

在表示数据时，能简单、直观就不要冗长、复杂。像上图中的横坐标，很明显是以 2012 年 9 月开始按月份填充到 2013 年 6 月的结果，所以显示出的横坐标就显得冗长。这时若将相同年份中的月份省略年数，显示就会显得轻松很多，可在数据源中重新编辑，结果如左图所示。

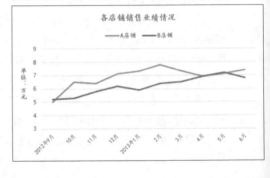

6.2 突出显示折线图中的数据点

我知道在折线图中只要不是表示不同类别的数值大小，一般是不需要显示数据标签的。可是当一些数据变化不明显时，我无法观察它的拐角点，只能借助数据标签来比较大小了。

除了数据标签能直接分辨出数据的转折点外，还有一个方法，就是在系列线的拐角处用一些特殊形状标记出来，这样就可轻易分辨出每个数据点了。

虽然折线图和柱状图都能表示某个项目的趋势，但是柱状图更加注重直条本身的长度即直条所表示的值，所以一般都会将数据标签显示在直条上。而若在较多数据点的折线图中显示数据点的值，不但数据之间难以辨别所属系列，而且整个图表失去了美观性。只有在数据点相对较少时，显示数据标签才可取。

情景对比

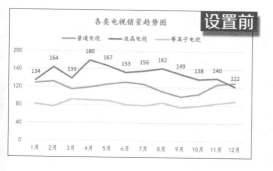

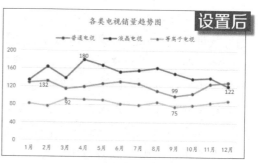

应用分析

为了表示数据点的变化位置，需要特意将转折点标示出来。在"设置前"图表中用数据标签标注各转折点的位置，但并不直接，而且不同折线的数据标签容易重叠，使得数字难以辨认。而"设置后"图表中在各转折点位置显示比折线线条更大、颜色更深的圆点形状，整个图表的数据点之间不仅容易分辨，而且图表也显得简单。除此之外，还特意将每条折线的最高点和最低点用数据标签显示出来。

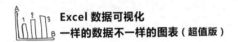

步骤要点

双击图表中的任意系列打开数据系列格式窗格，在"系列选项"组中单击填充图标，然后切换至"标记"选项列表下，单击"数据标记选项"展开下拉列表，在展开的列表中单击"内置"单选按钮，再设置标记"类型"为圆形，如左上图所示。同样在"标记"列表下，单击"填充"按钮展开列表，在列表中设置颜色为深蓝色，如右上图所示。然后选择图表中其他系列进行设置。

思维拓展

在折线图中标记各数据点时，选择不同的形状可标记不同的效果。但是在设置标记点的类型时有必要调整形状的大小，使其不至于太小难以分辨，也不至于形状过大削弱了折线本身的作用。系统默认的标记点"大小"为"5"，可单击数字微调按钮进行调整。如右图所示，将大小调整为10。

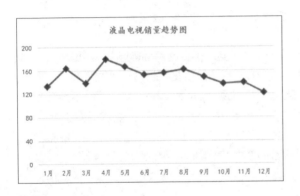

选择好标记数据点的形状类型后，根据折线的粗细调整形状大小，再为形状填充不同于折线本身的线条颜色加以强调，结果如左图所示。

6.3 折线图中的线条数量不宜过多

我将1月份我们公司五类产品系列在各店的销量做成折线图进行分析。但是线条太多，不方便两两之间进行对比，而颜色种类也多，更不容易分清哪根线条代表什么产品！

那你别在折线图中绘制那么多系列啊！类别太多本就不宜用折线图表示。不过针对你说的只有5个系列，那可以尝试用两张折线图表示！

折线图被大量应用在分析数据的走势和对比关系中，由于其应用广泛，导致不少读者在绘制折线图时忽视了折线线条过多而使数据难以分析。以前在介绍柱状图时强调同一分类项目下的直条数应小于等于 4，其实折线图在这一点上也一样，折线图中的线条数也最好不要超过 4 条。

情景对比

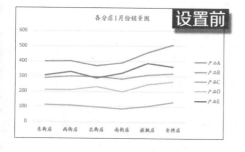

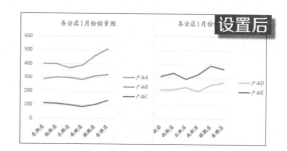

应用分析

由于左上图的图表中有5组数据系列，所以读者在分析图表数据时很有可能会混淆其中的部分线条。多线图表的目的是对比数据，但是"设置前"中的图表由于画面紊乱，致使对比数据时容易产生眼花缭乱的感觉。由于图表是用来查看各产品的销量情况，当在同一图表中展示多条折线时，由于线条之间彼此紧密"相拥"，使得数据点难以分辨。这时可以将多线条的折线图拆分成几个适量线条数的折线图，并设置它们的横纵坐标一致，便于线条曲折程度的对比，如右上图"设置后"中的效果！

步骤要点

图 1　　　　　　　　　　　　　　图 2

选择 A、B、C 产品在各分店的销售数据作为数据源，然后插入折线图，得到关于 A、B、C 产品的折线走势图 1；再选择 D、E 产品在各分店的销售数据作为数据源插入折线图，得到关于 D、E 产品的折线走势图 2。由于图 2 与图 1 的 Y 轴坐标刻度不一致，所以双击图 2 的 Y 轴，在弹出的窗格中设置"坐标轴选项"下边界的最大值为"600"，与图 1 中 Y 轴边界最大值一样，如右上图所示。

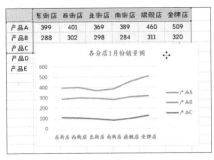

图 1

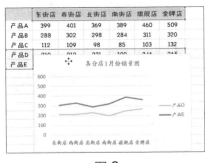

图 2

A、B、C 产品的折线图与数据源如左上图所示，D、E 产品的折线图与数据源如右上图所示。调整图 1、图 2 的大小，使其保持一样的高度，然后将两图在水平方向上对齐，并组合成一个整体。

思维拓展

在上面的示例中再增加一种产品 F，由于有六种产品类型，则更不适宜绘制在同一折线图中，除了上文中的方法外，其实还可以将每种产品各绘制成一种折线图，然后调整它们的 Y 轴坐标，使其刻度值保持一致。这样不仅可以直接对比不同的折线，还可以查看每种产品自身的销售情况。折线的陡缓程度即是各分店销量差异。

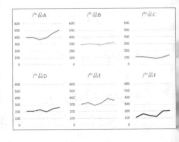

6.4　使用垂直线对应折线上的数据点

在折线图中，我可以用"标记"强调每个数据点的位置，也可以通过数据标签标注数据点的值，可是在数据点很多的情况下，我要如何确认每个数据点所对应的横轴坐标呢？我能想到的就只有垂直网格线了。

在折线图中，网格线并不一定与折线中的数据点相交，它只是辅助你查看数据所对应的横坐标的方法，但这并不科学。可以添加垂直线条来达到你要的效果。

无论是水平条形图还是折线图，垂直网格线都不提倡使用。一方面是为了避免出现视觉错觉，另一方面则是提高视觉上的美感。网格线虽有辅助读取数据的作用，但是如果使用得不恰当，只会是画蛇添足、无济于事！

情景对比

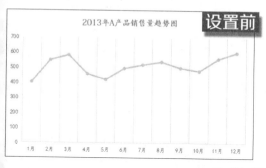

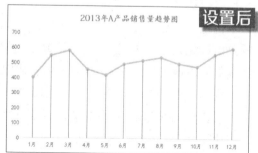

应用分析

上面的"设置前"图表是2013年A产品每月的销量情况趋势图，能辨别出折线上数据点的具体位置。但是数据点对应的横坐标刻度就不那么明确了，尽管在"设置前"中使用了网格线加以辨别，但却因网格线与折线相交的位置不一定在数据点上，导致所对应的横坐标刻度不直观。而"设置后"中因添加了垂直线条恰好弥补了"设置前"中的这一不足，而且线条的末端刚好在与数据点相交的位置，使整个图表显得直观、明了，而不像"设置前"中，网格线直接覆盖了图表区域，使整个图表呈现出一种不和谐的感觉。

步骤要点

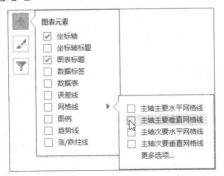

首先选中图表，单击"图表元素"按钮，在展开的列表中单击"网格线"右侧的右三角按钮，然后取消列表中"主轴主要垂直网格线"复选框的勾选，如左上图所示。再在"图表工具 > 设计"选项卡下，单击"图表布局"组中的"添加图表元素"下三角按钮，在展开的列表中指向"线条"选项，然后单击展开的子列表中的"垂直线"，如右上图所示。

思维拓展

在折线图中添加垂直线条后，线条末端与折线中的数据点重合。当用特殊形状标记出数据点后，垂直线末端与数据点重合得更加明显，如上页"设置后"中的图表。

在折线图中除了突出显示数据点外，还可以特意对垂直线条的末端设置箭头类型，这样也可达到与"设置后"图形中的效果，如右图所示。

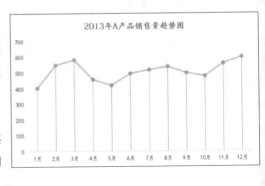

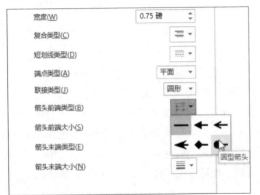

双击添加的垂直线条，在弹出的"设置垂直线格式"窗格中，单击"填充线条 > 线条"，在展开的列表中，找到"箭头前端类型"项，然后在右侧的选项框中选择"圆型箭头"，如左图所示。

6.5 在折线图中添加柱形图辅助理解

上证指数反映的是上海证券交易市场的总体走势，从上交所收集来的数据应该是靠谱的。我用 2013 年 8 月份的收盘价格来分析股票的趋势，但是这样的走势图让我无从下手。

那你收集来的数据应该不止收盘价格，应该还有涨跌额、成交量等重要数据吧！何不将交易日的成交量绘制在同一折线图中，辅助理解，分析股票行情。

在图表分析过程中，我们需要对不容易理解的图表添加其他元素帮助理解和传达信息，可能是图表本身拥有被隐藏的关键点，也可能是分析需要而刻意设置图表本身没有的元素来增强阅读性。只要能准确无误地表达所要传递的信息，让读者阅读无障碍，一些辅助工作都是有必要的。

情景对比

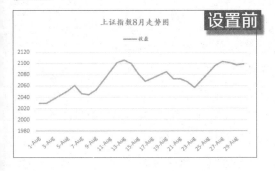

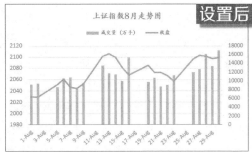

应用分析

从"设置前"图表中可以很明确地了解到2013年8月上证指数的走势情况。而"设置后"中不仅显示了上证指数8月的走势，还叠加了当月成交量数据做成的柱状图，这样在查看走势图时也了解了各交易日的成交情况。所以"设置后"中的图表比"设置前"中的图表更有助于读者理解。虽然成交量并不决定收盘价格，但成交量可以配合价格进行研判，对于这一点要有清醒的认识，不要被伪说法所蒙蔽。

步骤要点

选中图表，在"图表工具 > 设计"选项卡下，单击"数据"组中的"选择数据"按钮，在弹出的"选择数据源"对话框中单击"图例"项下方的"添加"按钮，然后在弹出的"编辑数据系列"对话框中，设置"系列名称"和"系列值"（在相应文本框中选择工作表中的对应单元格即可），如左上图所示。编辑好数据系列后，在"类型"组中单击"更改图表类型"按钮，在弹出的对话框中单击"组合"选项，在右下方区域设置"收盘"系列为"折线图"，"成交量"系列为"簇状柱形图"，并勾选"次坐标轴"，如右上图所示。

思维拓展

在上页的"设置后"图表中，虽然添加了成交量数据的柱状图，但是柱形当中出现了一些空缺，这些图形空缺是由那些没有交易发生的双休日所产生的。造成这种情况的原因，是由于在这个图表中，所使用的分类坐标（此图表中的 X 轴坐标）数据是表格当中第一列的日期值。

Excel 在默认情况下会根据这组数据将坐标轴类别自动设置为"日期坐标轴"类型。如果将"日期坐标轴"改为"文本坐标轴"，如左下图所示，则柱形图中的空缺会被取消，只显示有成交量的交易日期，结果如右下图所示。

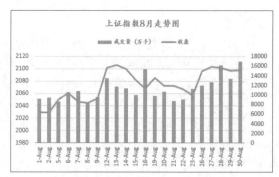

6.6 通过相同系列下的面积图显示数据总额

我想用面积效果显示图表中的销售额值，但是直接使用面积图显示不出数据点的位置，你还有更好的方法吗？

那还不简单啊！那就在图表中添加一组完全相同的数据系列，更改其中一条折线图为面积图，而另一条折线设置成带圆点的标记突出数据点。

在折线图中添加面积图，属于组合图形中的一种。面积图又称区域图，强调数量随时间而变化的程度，可引起人们对总值趋势的注意。例如，表示随时间而变化的利润的数据可以绘制在折线图中添加面积图以强调总利润。

情景对比

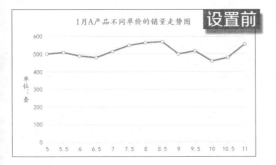

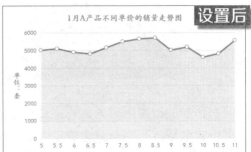

应用分析

　　"设置前"图表中的折线图展示了1月份A产品不同单价的销售量差异情况，从图表中可看出这段时间的销售额波动不大；而"设置后"中的折线图+面积图不仅显示了这段时间内销量的差异情况，而且在折线下方有颜色的区域还强调了这段时间内销售总额的情况，即销售额等于横坐标值乘以纵坐标值。从对比结果中可发现，在分析利润额数据时，为折线图添加面积图会使数据效果更直接、更明确。

步骤要点

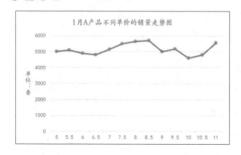

增加一组与数据源中"销售额"一样的数据，然后用两组一模一样的销售额数据和日期数据绘制折线图，两个系列完全重合，结果如左上图所示。选中图表，在"图表工具 > 设计"选项卡下，单击"类型"组中的"更改图表类型"按钮，在弹出的对话框中，系统默认在"组合"选项下，设置其中一个销售额系列为"带数据标记的折线图"，另一个销售额系列为"面积图"，如右上图所示。

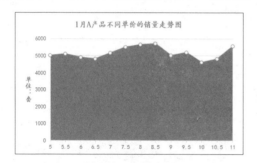

将添加的折线图改为面积图后，删除图例，双击图表中的面积区域，弹出数据系列格式窗格，在"系列选项"下单击"填充"按钮，然后在展开的下拉列表中单击"纯色填充"单选按钮，选择一种浅色填充，并设置其"透明度"为"50%"，如右上图所示。

思维拓展

如果需要在同一图表中绘制多组折线，也同样可以参考上面的方法和样式进行设计制作，最终可以得到如右图所示的结果。但在操作过程中需要注意数据系列的叠放顺序问题。

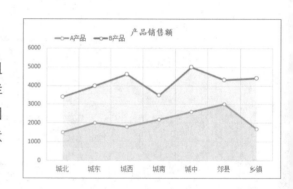

6.7 让横坐标轴的数字类型更简洁

在折线图中，横坐标一般会跟日期有关，而日期的长度比一般的数字要大，这就直接影响了图表的美观。要如何在不更改数据源的情况下使其与图表统一呢？

图表做得越多你对自己的要求也就越来越高。就像你说的这点，其实可以在图表格式窗格中进行编辑，让你的日期坐标更简洁。

在 Excel 中日期格式是数字类型中较为常用而且很重要的一种类型，倘若书写不当，不但不能正确显示数据信息，而且还会给读者造成理解上的困扰。如果要将日期在图表上显示就更不能忽视了，因为图表是被简化后更直接的一种形式，只有处理好数据源，才能使制作的图表简单易懂。

情景对比

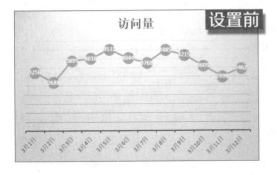

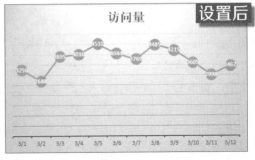

应用分析

对比"设置前"与"设置后"中的图表，"设置前"图表中的横坐标日期格式为"##月##日"型，虽无错误之处，但因其每个刻度的文本长度稍长，使其字体摆放呈斜线；而"设置后"中的图表是对"设置前"中横坐标轴的日期格式稍作修改后的结果，将同样表示日期的数据换作了更简洁的表达方式，使得整个图表排列更规范、整齐，而且横坐标所占的区域明显比"设置前"中的少，这就使得整个图表更和谐。

步骤要点

双击 X 轴坐标，弹出"设置坐标轴格式"窗格，在坐标轴选项下单击数字右三角按钮，在展开的列表中选择数字"类别"为"日期"，如左上图所示，再在类型列表框中选择如右上图所示的日期类型。这样"设置前"中的日期格式就变为"设置后"中的样式，整个图表显得很简洁。

思维拓展

在 Excel 中将表示日期的数据转换为合理的表达方式是至关重要的。这里就为大家介绍几种日期格式的转换方式。

示例：将 20140520 转换成 2014-5-20 样式的日期类型。

方法一：首先在 A1 单元格中输入 20140520，然后在"数据"选项卡下单击"分列"按钮，在弹出对话框步骤 1 中单击"下一步"；在步骤 2 对话框中勾选"其他"分隔符，并输入"-"；在步骤 3 对话框中，选择数据格式为"日期"型的"YMD"类型，设置目标单元格为 A2 后单击"完成"按钮即可，如下图中的 A 列单元格的值。

方法二：在 B1 单元格中输入 20140520，然后在 B2 单元格中输入"=MID(B1,1,4)&"-"&MID(B1,5,2)&"-"&MID(B1,7,2)"，按Enter键就可以在B2中看到结果。对于MID函数，MID(text,start_num,num_chars)，其中text代表一个文本字符串；start_num表示指定的起始位置；num_chars表示要截取的数目，如下图中的B列单元格的值。

另外，我们还可以将 2014-5-20 这样的日期格式还原成 20140520 样式。这里要使用 TEXT 函数，首先在 C1 单元格中输入 2014/5/20，然后在 C2 单元格中输入公式"=TEXT(C1,

	A	B	C	D
1	20140520	20140520	2014/5/20	
2	2014/5/20	2014-05-20	20140520	
3				
4				
5				
6				

"yyyymmdd")"，按 Enter 键后可查看结果，如下图中的 C 列单元格的值。

⇨ 6.8 不要让轴标签覆盖了数据标签

用图表分析净利润的增长情况时，我直接选用了系统提供的图表样式，部门经理查阅后，返回让我重做！我不明白我所做的折线图哪里不对，是负数需要特别标注吗？

在分析有负数的图表时，要特别留意横坐标标签是否掩盖了数据点的显示，更重要的是横坐标一定要在图表的底端才合适。

在绘制折线图或散点图的时候，如果数据中同时包含正负数值，所得到的默认结果中数据点通常会同时分布显示在横坐标轴的两侧，也就是意味着横坐标轴处于图表绘图区域的内部，这时就不能直接将坐标标签显示在图表区域内，而要通过坐标轴的格式设置，将横坐标中的标签移至底端显示。

📖 情景对比

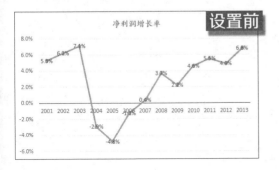

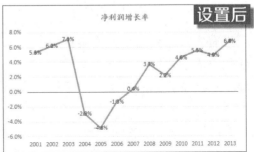

应用分析

在"设置前"图表中横坐标轴的标签显示在绘图区域内部，造成与部分数据系列的重叠，影响图表内容的清晰展现，而且整个图表被中间的轴标签干扰，使图表失去协调、统一的感觉；而"设置后"中将横坐标标签显示在图表的底端，不但清晰展示了折线上的数据点，还让图表的横纵轴标签有了最原始的协调美。

步骤要点

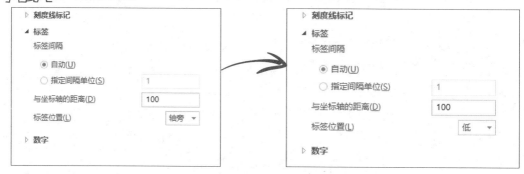

在"设置坐标轴格式"窗格中，单击"坐标轴选项"下的"标签"右三角按钮，在展开的列表中将"标签位置"由"轴旁"修改为"低"，如上图所示。

思维拓展

坐标轴对图表的意义好比骨骼对人体的意义，它们都是主体不可或缺的部分。而在图表的表达过程中，坐标轴的表现方式直接影响了读者的思考方式。如果横轴标签的日期格式、横轴标签的摆放位置不恰当都会给图表增加阅读上的难度。

在上面的对比图形中，修改了带有负数折线图轴标签位置，使用图表表达得更清晰。其实，除了上文中介绍的方法外，还可以通过改变坐标轴的交叉位置达到更好的效果，如右图所示。

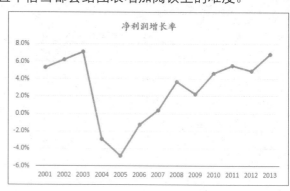

双击纵坐标轴，在"设置坐标轴格式"窗格中，单击"坐标轴选项"右三角按钮，在展开的列表中单击"横坐标轴交叉"组中的"坐标轴值"单选按钮，并在右侧的文本框中输入"坐标轴值"为"-0.06"（即-6.0%），如左图所示。

第 7 章

部分占总体比例的饼图

- 不要忽视饼图扇区的位置排序
- 使用双色刻度渐变显示数据大小
- 分离饼图扇区强调特殊数据
- 用半个饼图刻画半期内的数据
- 用复合饼图表示更多数据
- 让多个饼图对象重叠展示对比关系
- 增大圆环内径宽度使图表更有效

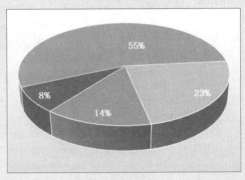

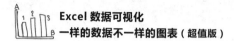
7.1 不要忽视饼图扇区的位置排序

饼图显示一个数据系列中各项大小与其总和的比例，其中的数据点为整个饼图的百分比。但是在使用饼图时有如下一些要求：仅有一个要绘制的数据系列；要绘制的数值没有负值；要绘制的数值几乎没有零值；类别数目无限制；各类别分别代表整个饼图的一部分；各个部分需要标注百分比。

情景对比

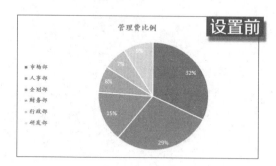

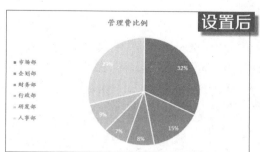

应用分析

在"设置前"图表中，数据是按降序排列的，所以饼图中切片的大小以顺时针方向逐渐减小。这在饼图中其实不符合读者的阅读习惯。人们习惯从上至下地阅读，并且在饼图中，如果按规定的顺序显示数据，会让整个饼图在垂直方向上有种失衡的感觉，正确的阅读方式是从上往下阅读的同时还会对饼图左右两边切片大小进行比较。所以需要对数据源重新排序，使其呈现出"设置后"中的效果。

步骤要点

	A	B	C
1	部门	管理费比例	
2	市场部	32%	
3	人事部	29%	
4	企划部	15%	
5	财务部	8%	
6	行政部	7%	
7	研发部	9%	
8			
9			

	A	B	C
1	部门	管理费比例	
2	市场部	32%	
3	企划部	15%	
4	财务部	8%	
5	行政部	7%	
6	研发部	9%	
7	人事部	29%	
8			
9			

为了让饼图的切片排列合理，需要将原始的表格数据重新排序，其排序结果如右上图所示，这样排序的目的是将切片大小合理的分配在饼图的左右两侧。

思维拓展

在上文的示例中，阐述了饼图的切片分布一般是将数据较大的两个扇区设置在水平方向的左右两侧，其实除了文中讲到的通过更改数据源的排序顺序改变饼图切片的分布位置外，还可以对饼图切片进行旋转，使饼图的两个较大扇区分布在左右两侧。仍然以"情景对比"中的数据源为例，经过对扇区进行旋转后得到的图表效果如右图所示。

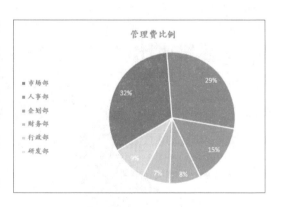

要得到该图形，需双击饼图的任意扇区，打开"设置数据系列格式"窗格，在"系列选项"组中调整"第一扇区起始角度"为"240°"，即将原始的饼图第一个数据的切片按顺时针旋转 240° 后的结果。

7.2 使用双色刻度渐变显示数据大小

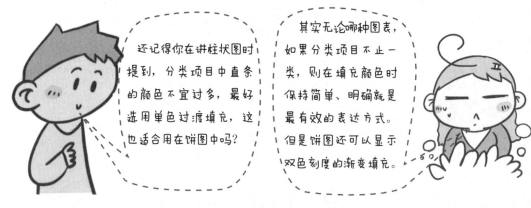

在饼图中占百分比重较大的切片常是被分析的重点，所以在制作饼图时除了将数据较大扇区进行合理的分布外，它的颜色分配也应该相对其他切片要更能引人注意。如果使用色调相近的一组颜色填充切片，则数据较大的切片可能就不太明显了。这时可以通过双色刻度渐变填充。

情景对比

应用分析

在"设置前"图表中使用了一组相近色填充饼图切片，由于数据源是经过排序的，所以数据越排在后面，它的颜色就会越浅，导致图表中20%的扇区比起其他扇区并不太引人注意。根据颜色的深浅对人们视觉的影响程度可知，颜色越深越能激发人们的关注，因此可以将饼图左侧的扇区填充为另一种相近色，如"设置后"中的效果。这样既展示了百分比重的分布，也使重要数据得到重点关注。

步骤要点

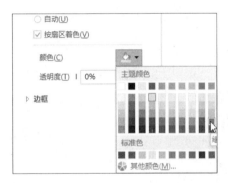

选中图表，然后双击扇区选中整个饼图，再单击"6月"扇区选中该切片，在弹出的"设置数据点格式"窗格中，单击"系列选项"下的"填充"按钮，在展开的列表中单击"纯色填充"单选按钮，如左上图所示。接着单击"颜色"右侧图标的下三角按钮，在展开的颜色面板中选择绿色调填充，如右上图所示。再分别设置"5月"和"4月"扇区的颜色。最后将颜色相对较浅的扇区所代表的数据标签的字体颜色设置为"自动（黑色）"。

💡 思维拓展

图表的表达方式是千变万化的，只是在众多的样式中，专业制表人员会以读者的阅读习惯和科学性为出发点为读者设计出最适合的图表。

在饼图中，当一组数据中有一个特别大的值时，前面介绍的方法也许就不是最好的图表形式。用心的数据分析员会刻意将这一数值所代表的饼图切片填充为另一显眼的颜色，而与整个饼图原先的色彩失去相近性，出现另一种对比效果，如右图所示。

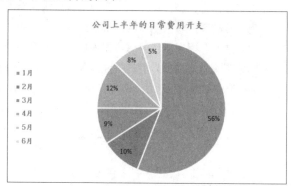

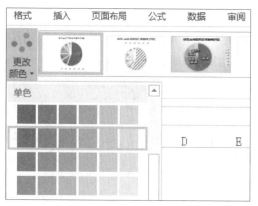

在这样的图表中，"56%"占据了饼图的多半，而其他几个数值的百分比都在 12% 以下。所以先为图表填充一组相近的颜色，然后单独设置"56%"的扇区颜色为另一色调。相近色的搭配除了自己选择外，还可以在"图表工具 > 设计"选项卡下的"图表样式"组中单击"更改颜色"按钮，在展开的单色组中选择，如左图所示。

➡ 7.3 分离饼图扇区强调特殊数据

我将今年一季度公司的家电销售额情况做成饼图进行分析，由于空调是这一季度经理需要特意关注的，所以我用与其他颜色反差较大的颜色来进行强调。

用颜色的反差来强调上级需要关注的数据在很多图表中还是较适用的，但是饼图中，有一种更好的方式来表达，那就是将需要强调的扇区分离出来。

我们在分析数据时，常用颜色的差异去强调某些特殊的数据。在图表的制作过

程中，人们也常用这种方式去对比数据，因为颜色的差异能直接冲击视觉，更容易引起重视。然而在饼图中，此种方法并不是不可取，只是除了颜色差异外还有更好的表达形式，即扇区的分离。

情景对比

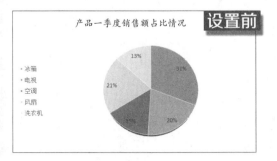

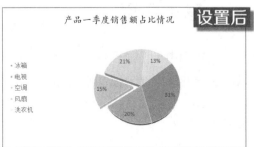

应用分析

　　在"设置前"图表中，为了强调空调在一季度所有家电销售额中的占比情况，使用了与原切片颜色差异较大的绿色来填充，这一效果确实能一眼抓住读者的眼球，但是对比于"设置后"中的图表，就略有逊色。"设置后"中将空调所代表的扇区单独分离出来，不但能抢夺读者的眼球，而且整个饼图在颜色的搭配上也不失彩，效果显得比"设置前"中的更好。

步骤要点

双击饼图打开"设置数据系列格式"窗格，再单击需要被强调的扇区（系列为"空调"），然后在"系列选项"组下设置"点爆炸型"的百分比值为"22%"，即将所选中的扇区单独分离出来。由于分离的扇区显示在图表下方，需要调整"第一扇区起始角度"值"53°"来改变扇区位置，使其显示在图表的左边区域，如上页右上图所示。

思维拓展

在饼图中为了显示各部分的独立性，可以将饼图的每个部分独立分割开，这样的图表在形式上胜过没有被分开的扇区，效果如右图所示。

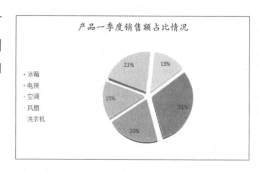

分割饼图中的每个扇区与单独分离某个扇区的原理是一样的，首先选中整个饼图，在"设置数据系列格式"窗格中，单击"系列选项"图标，在"系列选项"组中调整"饼图分离程度"百分比值为"8%"，如左图所示。

"饼图分离程度"值越大，扇区之间的空隙也就越大。注意，由于选取的是整个饼图，所以在"第一扇区起始角度"下方显示的是"饼图分离程度"，如果选中的是某个扇区，则"第一扇区起始角度"下方显示的就是"点爆炸型"。

7.4　用半个饼图刻画半期内的数据

> 今天我头脑风暴，想到一个不知是否可行的方案。就是在表示半期内的数据百分比时，可否用饼图的一半去表示？

> 你这个想法挺好的啊！不仅能完整表达数据，还可以在时间上有一个更直接、更深刻的展示。半个饼图给人就是"一半"的感觉。

一个圆形无论从时间上还是空间上给读者都是一种完整感，如果圆形缺失某个角就会有一种不完整的感觉，而且在表示数据时，会让人产生"有些数据不存在"的直觉。在此基础上，可以对饼图进行升级处理，将表示半期内的数据用饼图的一半去展示，这样在时间上就会引导读者联想到后半期的数据。

情景对比

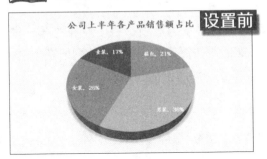

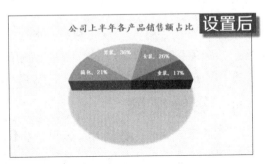

应用分析

　　在"设置前"图表中，数据的表现形式是准确无误的，能一五一十地传递图表信息。而"设置后"中，整个饼图只显示了一半的效果，但是从三维效果中可以看出这个图形是完整的，而且表示的数据之和与"设置前"中的一致，正是因为图表只展示了一半效果，在图表意义上就比"设置前"中的更胜一筹。半个饼图表示公司上半年的销售额比使用一个整体的饼图更有意义，这半个饼图不是数据只有一半，而是表示在一个完整的时期内的前半期数据。

步骤要点

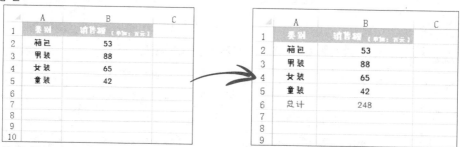

将数据源中各类别的销售额汇总，如右上图所示，在制作图表时，需要将"总计"项作为源数据。

选中饼图，打开"设置数据点格式"窗格，在"系列选项"组下设置"第一扇区起始角度"值为"270 °"，如左上图所示。然后单击图表中"总计"系列所在扇区，在窗格中单击"填充"组中的"无填充"单选按钮，如右上图所示。

思维拓展

在表示半期内的数据时，还可以将饼图中被隐藏的"总计"项数据所代表的半边扇区填充为白色，再利用艺术字效果编辑一个问号，如右图所示的艺术字样式，放置在这半边扇区中，如下图所示。

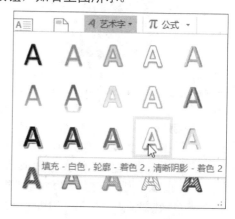

这样在图表中，不仅展示了公司上半年的销售额情况，还指出需要被关注的下半年的销售额。

7.5　用复合饼图表示更多数据

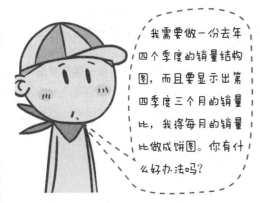

我需要做一份去年四个季度的销量结构图，而且要显示出第四季度三个月的销量比，我将每月的销量比做成饼图。你有什么好办法吗？

如果要详细表示出第四季度的销量比情况，当然没必要把每个月的销量比都表示出来，这样会导致饼图的切片过多，不方便阅读。可通过复合饼图来展示季度中的月份值。

　　常见的饼图有平面饼图、三维饼图、复合饼图、复合条饼图和圆环图，它们在表示数据时各有千秋。但无论对于哪种类型的饼图，它们都不适于表示数据系列较多的数据，数据点较多只会降低图表的可读性，而且不便于数据的分析与展示。

情景对比

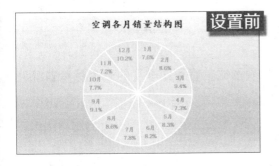

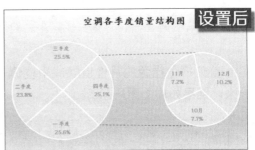

应用分析

在"设置前"图表中展示了每个月份的销量比情况，虽然能从图中读出第四季度的销量比，但是这需要读者进行二次计算才能了解每个季度的销售。而"设置后"中的图表恰好切入主题，表示了每个季度的销量结构，还突出展示了第四季度三个月的具体销量比。"设置前"中的图表考虑到后者而忽略了前者，使图表失去直观性，并且在饼图中数据系列太多会降低图表的可读性。

步骤要点

1	月份	销量比
2	1月	7.6%
3	2月	8.6%
4	3月	9.4%
5	4月	7.3%
6	5月	8.3%
7	6月	8.2%
8	7月	7.8%
9	8月	8.6%
10	9月	9.1%
11	10月	7.7%
12	11月	7.2%
13	12月	10.2%

1	季度/月份	销量比
2	一季度	25.6%
3	二季度	23.8%
4	三季度	25.5%
5	四季度10月	7.7%
6	四季度11月	7.2%
7	四季度12月	10.2%
8		
9		
10		
11		

首先将数据源的月份值换成季度值的表现形式，将第四季度的三个月单独统计出来，结果如右上图所示。

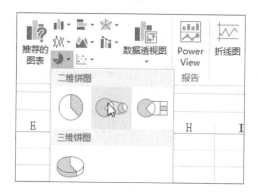

选取更改后的源数据区域 A1:B7，然后在"插入"选项卡下的"图表"组中单击饼图中的"复合饼图"，如上页左上图所示。绘制出复合饼图后，双击饼图，弹出"设置数据点格式"窗格，在"系列选项"组下设置"第二绘图区中的值"为"3"，并默认其他项的设置结果，如上页右上图所示。

思维拓展

在复合图形中，除了复合饼图可以表示"母与子"的关系，还有复合条饼图。仍以上文中的例子，将原来的复合饼图更改为复合条饼图，结果如下图所示。

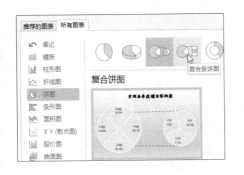
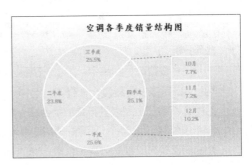

7.6 让多个饼图对象重叠展示对比关系

店长要求我将公司产品的 4 个系列在 3 个店的年利润分布情况表示出来。数据这么多，怎么展示让我很头痛！只有以店为单位分别绘制图表了。

将每个店的不同系列产品绘制饼图再进行对比，并不是不妥的办法！不过你可以考虑将三个图表处理成一个图表，效果会更好哦！

任何看似复杂的图形都是由简单的图表叠加、重组而成的。有时为了凸显信息的完整性，需要将分散的点聚集在一起，在图表的设计中也需要利用这一操作来优化图表，让图表在表达数据时更直接有效。

情景对比

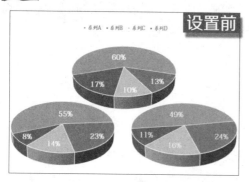

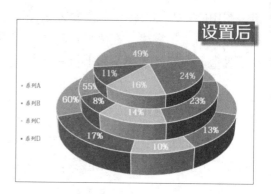

应用分析

在"设置前"图表中，用了3个独立的图表展示3个店的利润结构，如果将3个店看为一个整体，这样分散的展示不方便读者进行对比。若将三个图表进行叠加组合在一起，如"设置后"所示，这样不仅能表示出整个公司是一个整体，还使各店之间形成一种强烈的对比关系，视觉效果和信息传递的有效性比"设置前"中的要强。所以在图表的展示过程中，不仅需要数据的清晰表达，还需要在形式上做到"精益求精"！

步骤要点

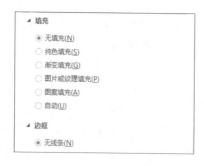

将绘制好的 3 个店的饼图图表区设置为"无填充"和"无线条"样式，如左上图所示。然后打开"设置数据点格式"窗格，设置每个饼图中第一扇区起始角度值，使 3 个饼图的"系列 A"所表示的扇区显示在图表的里边。再缩放店 2 和店 3 图表到合适比例，然后依次层叠地放置在饼图上。将 3 个饼图重叠在一起后，单击"图表工具 > 格式"选项下"排列"组中的组合按钮，如右上图所示。

思维拓展

在多个图形叠放时，对图表的叠放层次是有要求的。一般由于层层叠加会导致底层图表的部分信息被掩盖，若需要将底层的图形显示在外面，可以通过"图表工具 > 格式"选项卡下"排列"组中的"上移一层"或"下移一层"按钮来实现。如下列两图所示，左下图是"店 2"数据制作的图表显示在底层，右下图是"店 2"数据制作的图表显示在最外层。只需要选中需要显示在底层的图片，单击"上移一层"按钮即可实现。

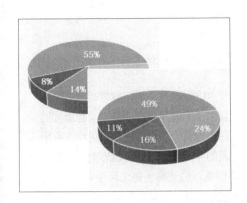
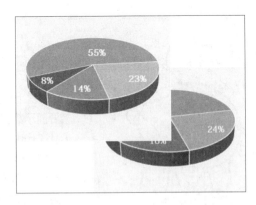

7.7 增大圆环内径宽度使图表更有效

像饼图一样，圆环图是显示各个部分与整体之间的关系，而且它可以包含多个数据系列，所以圆环图又是特殊的饼图。圆环图在圆环中显示数据，所以每个圆环代表一个数据系列，如不同年份间的数据比较。

情景对比

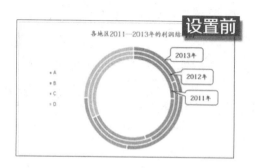

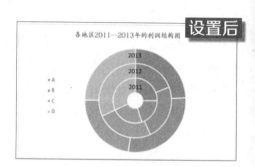

应用分析

　　对比上面两张图表，"设置前"中圆环宽度明显不够，若要显示数据标签，则会由于空间不足而混乱，而且添加的形状指代也不明显。而在"设置后"中将圆环的内径宽度增加，并将每个圆环所代表的年份值显示在垂直方向上，这既明确了圆环所代表的年份值，也能看出每个环中4个地区的比重。"设置前"中的图表是系统默认的效果，所以要想有一个满意的效果就需要特意对圆环的内径大小进行设置。

步骤要点

　　双击图表中的圆环，打开"设置数据点格式"窗格，在"系列选项"组中将"圆环图内径大小"由默认的"75%"改为"15%"，如上图所示。这样圆环的宽度增加了，图表效果也更明显了。

思维拓展

在使用圆环图时我们不免会想到雷达图，它们有着相似的样式，在表示数据时也可表示多个数据系列的不同点的对比情况。

雷达图（Radar Chart），又可称为戴布拉图、蜘蛛网图（Spider Chart），是财务分析报表的一种。即将一个公司的各项财务分析所得的数字或比率，就其比较重要的项目集中在一个圆形的图表上，来表现一个公司各项财务比率的情况，使读者能一目了然地了解公司各项财务指标的变动情形及其好坏趋向。

雷达图的制作步骤如下。

	A	B	C	D	E	F
1	各部门平均成绩表					
2		营销学	管理学	心理学	投资学	实践课
3	销售部	95	88	79	82	79
4	人事部	75	90	85	70	72
5	行政部	76	81	80	76	69
6						
7						

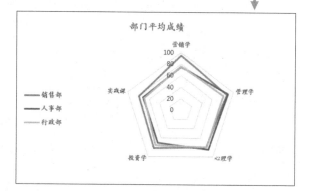

选择单元格区域 A2:F5，然后在"插入"选项卡下的"图表"组中单击对话框启动器，打开"插入图表"对话框，在"所有图表"组中单击"雷达图"选项，即可看到默认的图表，如右上图所示。最后将生成的图表进行美化处理即可，如右图所示。

129

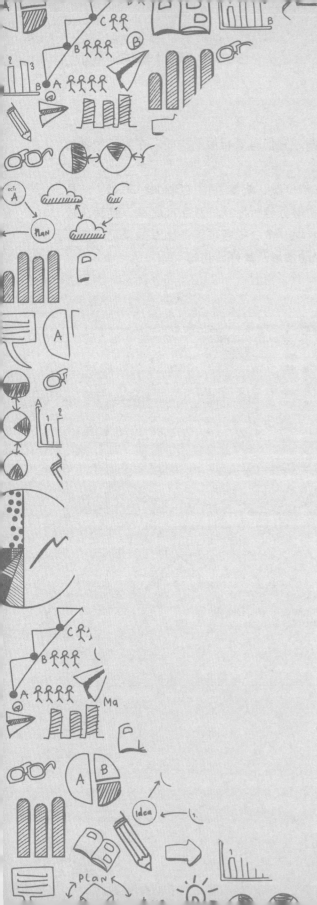

第 **8** 章

表示分布状态的散点图

- 用平滑线联系散点图增强图形效果
- 用均匀的坐标刻度显示数据变化趋势
- 用不等距的时间坐标表示数据的真实位置
- 为散点图添加趋势线标记点的分布
- 将直角坐标改为象限坐标凸显分布效果
- 去掉坐标轴上多余的零值
- 互换 *XY* 轴坐标使密集的点在垂直方向上
- 使用公式联动间断的数据点

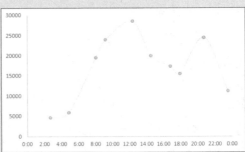

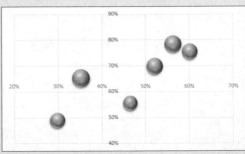

8.1 用平滑线联系散点图增强图形效果

做过这么多图表，我却很少使用散点图。散点图给我的感觉就是孤零零的几个点，用这样的图表分析数据肯定有很多我不懂的地方，关键是还不知道怎么下手去分析！

散点图哪有你想的那么难啊！如果对于一般的散点图不便于分析，你可以使用带平滑线的散点图哦，它与折线图有着相似的表现形式，但又有折线图不能替代的特点。

散点图通常用于显示和比较数值，如科学数据、统计数据和工程数据。当要在不考虑时间的情况下比较大量数据点时，散点图就是最好的选择。散点图中包含的数据越多，比较的效果就越好。在默认情况下，散点图以圆点显示数据点。如果在散点图中有多个序列，可考虑将每个点的标记形状更改为方形、三角形、菱形或其他形状。

📖 情景对比

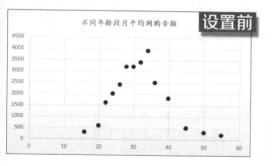

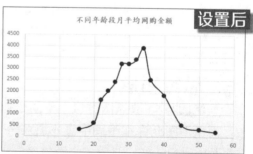

应用分析

　　"设置前"中是普通的散点图，数据点的分布展示了不同年龄段的月均网购金额，从图表中可以分析出月均网购金额较高的人群主要集中30岁左右；但是对比"设置后"中的图表，发现在连续的年龄段上，"设置前"中的数据较密的点不容易区分，而"设置后"中将所有数据点通过年龄的增加联系起来，不但表示了数据本身的分布情况，还表示了数据的连续性。用带平滑线和数据标记的散点图来表示这样的数据比普通的散点效果更好。

步骤要点

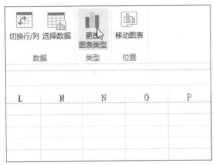

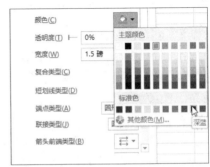

　　选中图表，在"图表工具 > 设计"选项卡下的"类型"组中单击"更改图表类型"按钮，如左上图所示。然后在弹出的对话框中，单击 XY 散点图中的"带平滑线和数据标记的散点图"即可。更改图表类型后，单击图表中的数据系列，在数据系列窗格中，单击填充图标下的"标记"按钮，然后将线条颜色改为与标记点相同的深蓝色，如右上图所示。

思维拓展

　　气泡图与XY散点图类似，不同之处在于，XY散点图对成组的两个数值进行比较；而气泡图允许在图表中额外加入一个表示大小的变量，所以气泡图是对成组的三个数值进行比较，且第三个数值确定气泡数据点的大小。

　　在表示两个数值的比较关系时，普通的散点图也可以用气泡图表示。同样以上面例子中的数据为例，用二维气泡图表示的结果如右图所示。

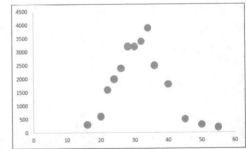

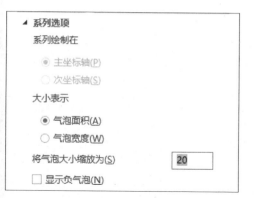

默认的气泡图中是以气泡的面积表示气泡大小的,而且在默认情况下,它的气泡大小为 100。如果想达到与普通散点图类似的效果,可以设置"将气泡大小缩放为""20",如左图所示。

8.2　用均匀的坐标刻度显示数据变化趋势

您以前在讲折线图时,我就有一个疑问。折线图和散点图(带平滑线)有什么区别?我感觉两种类型的图表没什么大的差别啊!到底特殊在什么地方呢?

区别是肯定存在的,但三言两语是不能解释透彻的,下面通过具体的例子让你去发现它们的差异。特别需要注意的是横坐标轴哦!

折线图与散点图在表现形式上很相似。它们本质的区别在于:折线图显示随单位(如时间)而变化的连续数据,因此非常适用于显示在相等时间间隔下数据的变化趋势。在折线图中,类别数据沿水平轴均匀分布,所有值数据沿垂直轴均匀分布。而散点图有两个数值轴,沿水平轴(X 轴)方向显示一组数值数据,沿垂直轴(Y 轴)方向显示另一组数值数据。散点图将这些数值合并到单一数据点并以不均匀间隔或簇显示它们。

情景对比

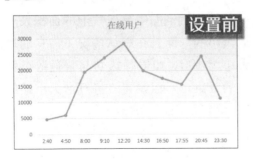

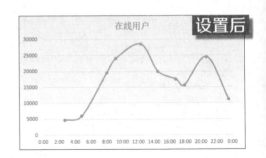

应用分析

　　"设置前"中是以折线图绘制而成的，显示的是具体点上的数据，但是细心的读者会发现表示时间轴的横坐标并不是以均匀的时间间隔去显示的。由于在人们的脑海中已形成"横坐标的间隔是相等的"思维，所以"设置前"中的图表给读者造成了干扰；而"设置后"中使用的恰好是均匀时间间隔的坐标刻度。"设置前"中的图表是根据时间段估计数据点，而"设置后"中的恰好显示的是具体的数据，只是需要预估数据点所在的时间段。

步骤要点

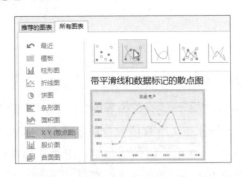

　　选中折线图图表，在"图表工具 > 设计"选项卡下，单击"类型"组中的"更改图表类型"按钮，然后在弹出的对话框中单击"所有图表"列表中的"XY（散点图）"选项，并选择"带平滑线和数据标记的散点图"，如左上图所示。再打开"设置坐标轴格式"窗格，在"坐标轴选项"组中设置边界的"最小值""最大值"和单位的"主要""次要"刻度值，如右上图所示。

思维拓展

在前面的章节中讲述过图表的日期坐标和文本坐标类型。你是否想问上文中的折线图默认的是文本坐标，如果改为日期坐标轴是否就可以显示均匀的时间间隔呢？

考虑通过改变坐标轴的类型来改变图表，说明你有学以致用的基础！那让我们一起来看看更改坐标中类型后的图表样式吧！

按照常规方式，打开"设置坐标轴格式"窗格，在"坐标轴选项"组中将系统默认的"根据数据自动选择"的坐标轴类型改为"日期坐标轴"，其步骤和结果如下图所示。

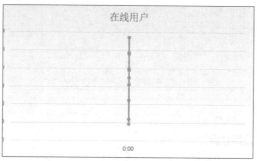

通过实践证明，即使修改折线图中的坐标轴类型为日期形式也不能显示均匀的坐标刻度，而且整个图表样式变成了一条垂直线。其实出现这样的原因很简单，因为图表中"日期坐标轴"的最小单位都是按"天"计算的，而文中统计的是某一天中的某些时间点的数据，显然它们是属于同一天的数据，所以就出现了一条垂直线。

8.3 用不等距的时间坐标表示数据的真实位置

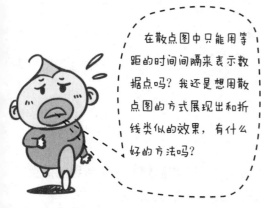

在散点图中只能用等距的时间间隔来表示数据点吗？我还是想用散点图的方式展现出和折线类似的效果，有什么好的方法吗？

散点图在默认情况下是等距的时间坐标，如果需要展示不等距的时间轴，可以添加辅助列，用辅助的线条来模拟不等距的时间坐标。

散点图使用数据值作为 X，Y 坐标来绘制点。它可以展示格网上所绘制的值之间的关系，还可以显示数据的变化趋势。当存在大量数据点时，散点图的作用尤为明显。对于处理值的分布和数据点的分簇，散点图也很理想。如果数据集中包含非常多的点（如几千个点），那么散点图便是最佳图表类型。

情景对比

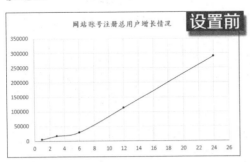

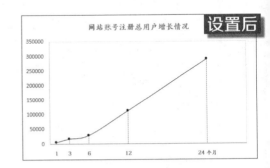

应用分析

　　"设置前"中的图表是系统默认的带平滑线的散点图，系统自动将横坐标轴以相等的时间间隔表示，所以导致线条上的点远少于横坐标轴的刻度，致使图表展示得不够简洁；而"设置后"中用模拟出的坐标轴刻度恰好对应上了线条上的点，即图表展示出——对应的关系，这样的图表表示的信息就比"设置前"中的明确。

步骤要点

	A	B	C
1	月份数	用户数	辅助数据
2	1	4698	0
3	3	16459	0
4	6	28796	0
5	12	112569	0
6	24	289564	0
7			

　　在数据源中添加一列"辅助数据"，如左上图所示。然后绘制带平滑线的散点图，取消默认情况下图表中的网格线和水平坐标轴，结果如右上图所示。

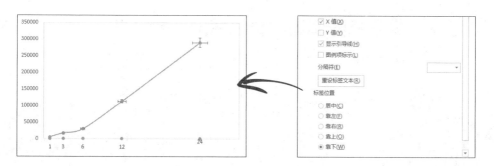

选中图表中"辅助数据"系列，显示该系列的数据标签，然后在数据标签格式窗格中，单击"标签选项"，在展开的列表中勾选"标签包括"组中的"X值"复选框，然后在"标签位置"组中单击"靠下"单选按钮，如右上图所示。再重新回到图表中，单击"图表工具 > 设计"选项卡下"图表布局"组中的"添加图表元素"按钮下的"误差线 > 百分比"命令，得到的结果如左上图所示。

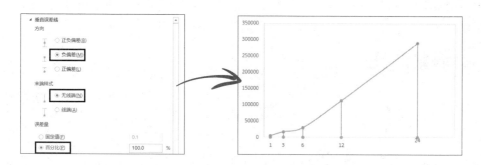

选中线条上的百分比误差线，删除水平方向上的误差线，然后在误差线格式窗格中，单击"垂直误差线"选项下"负偏差""无线端""百分比"单选按钮，如左上图所示。此时的图表结果如右上图所示，此后便可对图表进行优化处理，得到"设置后"中的效果。

8.4 为散点图添加趋势线标记点的分布

为什么每次做散点图时总是用带平滑线散点图的类型，直接用散点就不能表示数据的走势了吗？与其这样我还不如直接做成折线图呢！

在不同情况下使用不同的图表，其原因是不同类型的图表表示信息的重点不一样。如果想在散点图中表示数据走向，可以添加趋势线进行分析。

在 Excel 图表中，有时为了突出数据的表达，需要设计一些特殊效果，起到进一步分析数据的作用。如果有多个数据系列的散点图近似呈直线分布，而图中并不能清楚分辨各数据系列的走势，这时添加线性趋势线不是为了预测未来的某个值，而且为了帮助分析特意辅助的一条直线，它的功能就是将每个系列的点标记在这条直线的周围。

情景对比

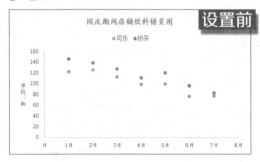

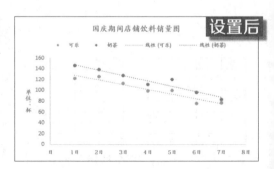

应用分析

本例中通过散点图记录下国庆长假中该店铺的可乐和奶茶每日的销量情况，在"设置前"图表中，两个数据系列的点分布纵横交错，虽能从整体上感知随着假期天数的减少，店铺饮料呈下降趋势，但点与点之间并不能清楚分辨。如果在此基础上为两个数据系列添加两组趋势线，则每个系列中数据点的分布就会更清楚、明了，如"设置后"中的效果。因此得出在制作散点图时，可适当添加趋势线来标明系列的走向，便于进行数据分析。

步骤要点

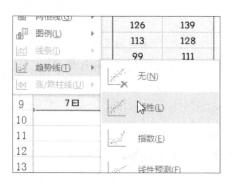 

在"图表工具>设计"选项卡下的"图表布局"组中单击"添加图表元素"下三角按钮，在展开的列表中指向"趋势线"，并在子列表中单击"线性"命令，如左上图所示。在弹出的"添加趋势线"对话框中，选择需要添加的系列，然后单击"确定"按钮就对将所选系列成功添加趋势线，如右上图所示。

思维拓展

趋势线是数据趋势的图形表示形式，可用于分析预测问题，这种分析又称为回归分析，通过回归分析，可以将图表中的趋势线延伸至事实数据以外，预测未来值。在 Excel 图表中，趋势线的种类很多，如右图所示。

每种趋势线都表示了它特殊的意义。

1. 指数趋势线：增长或降低的速度持续增加，且增加幅度越来越大。
2. 线性趋势线：增长或降低速率比较稳定。
3. 对数趋势线：在开始阶段增长或降低幅度比较快，再逐渐趋于平缓。
4. 多项式趋势线：增长或降低的波动较多。
5. 幂趋势线：增长或降低的速度持续增加，且增加幅度比较恒定。
6. 移动平均趋势线：增长或降低说明发生逆转。

线性趋势线是适用于简单线性数据集合的最佳拟合直线，如上文中，数据点的构成趋势接近一条直线，所以选用了线性的趋势线。

8.5 将直角坐标改为象限坐标凸显分布效果

昨天做了一份图表，是关于各地区项目的完成率与利润率的对比图，虽然用了横纵坐标轴表示数值，但是对比关系不够明确，而且图表中的地区名称不知道怎么表示出来！

你说的图表听起来有点复杂，还好我很了解你说的这种情况。其实只要稍微改动下坐标轴的交叉位置就能起到很好的作用。

制作气泡图一般是为了查看被研究数据的分布情况，所以在设计气泡图时，运用数学中的象限坐标来体现数据的分布情况是最直接的效果。这时图表被划分的象限虽然表示了数据的大小，但不一定出现负数，这需要根据实际被研究数据本身的范围来确定。

情景对比

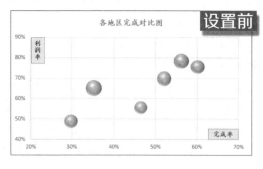

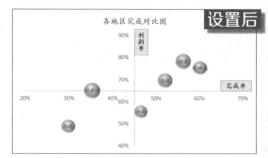

应用分析

　　对比"设置前"与"设置后"中的图表可以发现，前者虽然能看出每个气泡（地区）的完成率和利润率，但是没有后者的效果明显，因为在"设置后"中将完成率和利润率划分了四个范围（四个象限），通过每个象限出现的气泡判断各地区的项目进度和利润情况，而且根据气泡所在象限位置地区之间的对比也更加明显。另外，在"设置后"中气泡上显示了地区名称，这一点在"设置前"中完全没有体现出来。

步骤要点

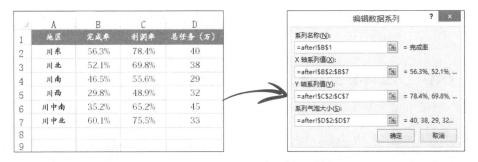

　　选定数据区域中的任意单元格，插入散点图中的气泡图，然后打开"选择数据源"对话框，单击对话框中的"编辑"按钮，在"编辑数据系列"对话框中设置各项内容，结果如右上图所示。

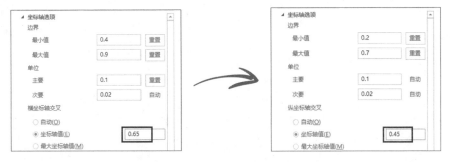

　　双击纵坐标轴，在坐标轴格式窗格中，单击"坐标轴选项"，在展开的列表中单击"横坐标轴交叉"组中的"坐标轴值"单选按钮，并在右侧的文本框中输入"0.65"，如左上图所示。同样单击图表中的横坐标，设置"纵坐标轴交叉"组中的"坐标轴值"为"0.45"，如右上图所示。

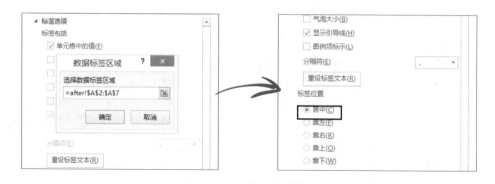

选中图表中的气泡右击，在弹出的快捷列表中单击"添加数据标签"，然后选中标签右击，再单击快捷列表中的"设置数据标签格式"命令，在弹出的数据标签窗格中，取消"标签包括"组中的"Y 值"，重新勾选"单元格中的值"复选框，并在弹出的对话框中选择表格中的"地区"列，如左上图所示，这一操作是将地区名称显示出来。然后设置"标签位置"为"居中"方式，如右上图所示。

8.6　去掉坐标轴上多余的零值

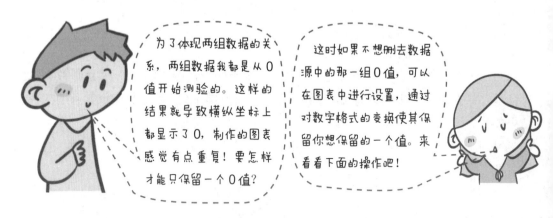

在测量两个相关变量时，通常是从大于零的值开始计算，这样在图表中系统会默认以某个值作为图表坐标轴的起始点，如果取值很大，则它的基准线刻度值也会很大（大于零）。但是为了说明两组数据间的关系，合理的方式是从零值开始算起，在某些特殊情况下还会有出现负数的可能。

情景对比

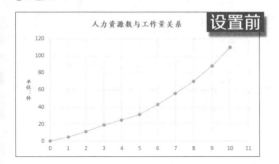
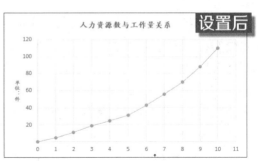

应用分析

在"设置前"图表中，横纵坐标轴的起始交叉点都显示了0值，这样的坐标系刻度显然有点累赘，而且在一般的图表展示中，如果坐标轴中有一个是文本坐标，则另一个表示数值的坐标轴一般会标识出0值（针对起始值为0值的情况）。所以在这里有必要将其中一个坐标轴的0值去掉或隐藏，如"设置后"中的效果，这样不仅使图表显得简单而且还增强了图表的美感效果！

步骤要点

双击横坐标轴，在弹出的"设置坐标轴格式"窗格中，单击"数字"左侧的右三角按钮，如左上图所示。在展开的列表中的"格式代码"下的文本框中单击"G/通用格式"后直接输入";;;"，如右上图所示。然后单击右侧的"添加"按钮就可看到所需的效果了。

💡 思维拓展

格式代码是通过不同的占位符来描述格式化语意的，是格式代码的最基本元素。占位符由字符组合而成，格式化占位符包括："#""0""?"".""," "G""X""%""E""/""yy""yyyy""M""MM""MMM""MMMM""MMMMM""d""dd""ddd""dddd""w""ww""www""H""HH""h""hh""m""mm""s""ss""[d]""[h]""[m]""[s]""AM/PM""A/P""am/pm""a/p""上午 / 下午""@""+""-""_""\"。

现以常用格式化占位符举例说明格式化代码的作用。

"#"只显示有意义的数字而不显示无意义的零。例如使用格式："#.##"显示 13.702，则结果为"13.7"。

"0"如果数字位数少于格式中的零的个数，将显示无意义的零。例如使用格式："00.000"显示 8.5，则结果为"08.500"。

"?"为无意义的零在小数点两边添加空格，以便使小数点对齐。例如使用格式："?.??"显示 38.604，则结果为"38."。

"."小数点，例如使用格式："#.##"显示 634.834，则结果为"634.83"。

","千分位分隔符（该符号的位置是固定的），例如使用格式："#,##0"显示 1 384 627.8，则结果为"1,384,628"。

"X"占位符如果在小数点左边，并且其左不再有其他标识符，则代表数据到此截断，否则等同于"#"标识符。例如使用格式："X##"显示 111439，则结果为"439"；若使用格式："."X"显示 0.75，则结果为".8"。

8.7 互换 XY 轴坐标使密集的点在垂直方向上

我上周对两家公司的员工薪资进行了调查，其差距还是蛮大的！想用散点图表示两组数据的分布情况，而默认的散点太凌乱，但是将图表顺时针旋转 90° 的效果就很好。

你说的旋转就是将 X 轴与 Y 轴系列值互换，也就是图表的转置！如果想在散乱的点中看出一些规律，换用图表转置确实有不一样的效果。

散点图有两个重要的作用,一是分析数据点的分布,二是查找变量的相关性。当要分析数据点的分布情况时,要最大限度地将图表做得有规律,最好让读者一眼辨别出差异。基于此思想,本节内容就是对散点图的分布进行深度处理,使其展现出更加美观、可读性更高的图表。

情景对比

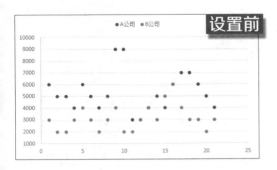

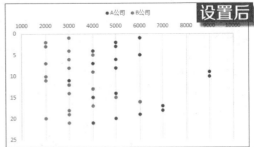

应用分析

"设置前"中的图表是默认的散点图,数据点的分布确实很凌乱,尽管使用了水平方向的网格线,但表现得依然没有"设置后"中的效果好。在"设置后"中,在垂直网格线的引导下,数据点像似被串起来的"垂帘",这样的视觉效果比"设置前"中靠水平网格线串起来的"珍珠"更明显。"设置后"中的图表可以更加快速地辨别出两家公司的差异位置是4000。即A公司的员工薪资多数集中在4000以上,而B公司员工的薪资更多集中在4000以下。

步骤要点

选中图表在"图表工具 > 设计"选项卡下的"数据"组中单击"选择数据"按钮，在弹出的对话框中选择"图例项"中的"A 公司"，然后单击"编辑"按钮，弹出"编辑数据系列"对话框，如上页左上图所示。将该对话框中 X 轴与 Y 轴系列值互换，结果如上页右上图所示。

同样将 B 公司中 X 轴与 Y 轴的系列值互换，互换前后数据系列值如上图所示，其中右边是互换后的结果。

将图表的 XY 轴系列值互换后，单击图表中的 X 轴坐标，在坐标轴格式窗格中单击"坐标轴选项"右三角按钮，然后在展开的列表中勾选"逆序刻度值"，这时坐标轴的位置就会变成"设置后"中的效果。

8.8　使用公式联动间断的数据点

我设计了一张组合图，其中柱状图表示的是每月工作量的实际完成情况，而零星的散点图则是单月份中设定的目标值，奇怪的是我明明使用的为带平滑线的散点图，但是点与点之间却没有联系起来！

这并不奇怪，因为你的散点图本身就不是连续的，所以系统默认时就不能在图表上展示出带平滑线的散点效果。对于这种情况，可以对数据源进行编辑，让间断的数据联系起来！

　　在图表设计过程中，我们往往会忽略数据源中的空白单元格，因为它不会影响图表所表示的真实意义。只是在某些特殊的图表中，需要显示某种关系的时候，可以对空白单元格进行特殊处理，如下面要讲到的错误值类型"#N/A"给间断数据的散点图所带去的有意义的作用。

情景对比

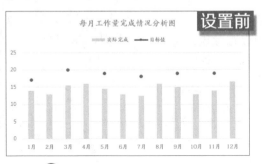

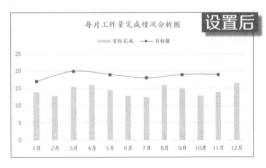

应用分析
　　在"设置前"图表中，通过观察图表可以发现，图表中的散点图为带平滑线和数据标记类型的散点图，但是图表中并没这样展示出来，使得柱状图上的点显得很孤立。"设置后"中的图表就是在此不足之处进行了完善，让孤立的点与点之间通过线条进行连接。这样在分析数据时，才有利于数据间的对比，而且在图表的表现形式上也略胜一筹！

步骤要点

1	日期	实际完成(万元)	目标值(万元)
2	1月	14	17
3	2月	13	
4	3月	15.5	20
5	4月	16	
6	5月	14.5	19
7	6月	13	
8	7月	12.5	18
9	8月	16	
10	9月	15	19
11	10月	13	
12	11月	14	19
13	12月	16.5	

1	日期	实际完成(万元)	目标值(万元)
2	1月	14	17
3	2月	13	#N/A
4	3月	15.5	20
5	4月	16	#N/A
6	5月	14.5	19
7	6月	13	#N/A
8	7月	12.5	18
9	8月	16	#N/A
10	9月	15	19
11	10月	13	#N/A
12	11月	14	19
13	12月	16.5	#N/A

如左上图所示，由于在原来的数据表格中，双月份的目标值单元格中没有指定数值，导致在图表上的散点没有联系起来。可以在 C 列表示月份的空白单元格中输入任意能显示错误值类型 "#N/A" 的公式，如 "=NA()"，图表中的散点就会自动联系起来。前提是散点图本身就是带平滑线类型的散点图。

选取编辑后的数据源区域，在"插入"选项卡下的"图表"组中单击对话框启动器，打开"插入图表"对话框，然后单击"所有图表 > 组合"命令，在右下方区域中设置数据系列的图表类型，将"目标值"设置为"带平滑线和数据标记的散点图"，并且取消"次坐标轴"的勾选，如左图所示。

思维拓展

在 Excel 中可以利用数据的分布规律，绘制一些特殊的图形，如常见的波浪形。波浪形最简单的做法就是以 0 为最低点，间断性地设置高点的值，如下页左下图 C 列中的数据。如果将其中的 0 值以 "#NAME?" 错误类型显示，则制作的图表有一样的效果，如下页右下图所示。说得简单易懂点，就是系统在处理数据时将"#NAME?"错误值作为 0 值处理。

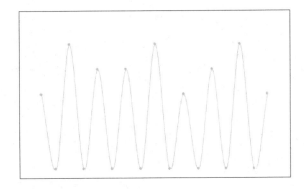

	A	B	C
1	3		3
2	#NAME?		0
3	5		5
4	#NAME?		0
5	4		4
6	#NAME?		0
7	4		4
8	#NAME?		0
9	5		5
10	#NAME?		0
11	3		3
12	#NAME?		0
13	4		4
14	#NAME?		0
15	5		5
16	#NAME?		0
17	3		3

✏️ 读书笔记

第 9 章

侧重点不同的特殊图

- 用瀑布效果显示单个系列的变动情况
- 使用阶梯形的甘特图管理项目
- 将数据差异较大的异常值分层显示
- 用子弹图显示数据的优劣
- 用温度计展示工作进度
- 用滑珠图对比不同系列的数值差异
- 用漏斗图进行行业务流程的差异分析

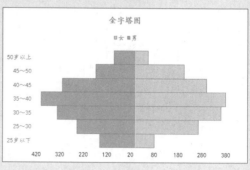

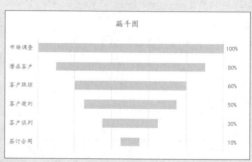

9.1 用瀑布效果显示单个系列的变动情况

我在网上有看到类似瀑布样式的图表，它的样式深刻地反映了数据的变动情况。这在我以后做数据分析时有很大作用，你能告诉我是怎么做的吗？而我只能用柱形图去表示数据的变化！

你说的那种图表其实就被人们称为瀑布图！其做法也没什么难的，主要在于添加占位数据，设置柱状的填充效果来达到。由于其表现的特殊效果，常被用来展示连续变化的数据。

瀑布图顾名思义就是看起来像瀑布一样具有自上而下流畅效果的图表，这种图表能很好地解释数据从一个值到另一个值的变化过程，形象地阐述了数据的流动情况。它其实是一种特殊的悬浮柱形图，不仅能展示数据的增减变化情况，还能表示因为某些原因导致数据之间变化的程度。

情景对比

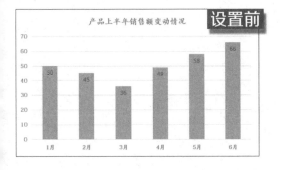

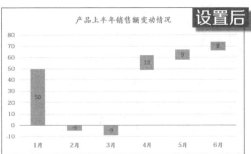

应用分析

　　在上面的两份图表中，若要展示数据之间的变化情况，则"设置后"中的效果无疑比"设置前"中的更加直观。因为在"设置前"中虽然具体表示了每个月份中的销售额，而且根据柱形的高低能辨别出数据的增减，但是数据之间的变动情况却需要读者进行二次计算。而"设置后"中直接将每个月份之间的差异直观地表现出来，还对下降的数据用负坐标表示，一眼便能读出月份间的起伏变化！而且独立的柱形块更有助于展示数据的大小。

步骤要点

A	B	C	D	E	F	G
	1月	2月	3月	4月	5月	6月
销售额 （单位：万元）	50	45	36	49	58	66

A	B	C	D	E	F	G
	1月	2月	3月	4月	5月	6月
销售额 （单位：万元）	50	45	36	49	58	66
占位	50	-5	-9	13	9	8

　　首先在数据源中添加占位数据，结果如右上图所示。其中的黄色底纹单元格 B4 中的数据表示 1 月份的销售额，C4:G4 单元格中的值是根据前一个月的销售额减去后一个月的销售额所得。

　　添加占位数据后，根据新的数据源插入堆积柱形图。然后双击堆积柱形图中的 Y 轴坐标，在弹出的坐标轴格式窗格中，设置"坐标轴选项"下的"边界"值和"单位"值，结果如左上图所示。然后在"标签"选项下，设置"标签位置"为"低"，如右上图所示。

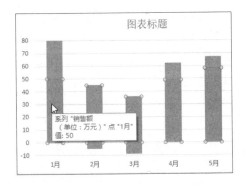
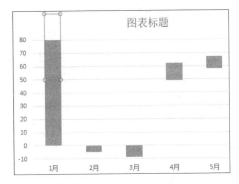

返回到图表中，选中蓝色的销售额系列，如左上图所示。在数据系列格式窗格中设置所选柱形的填充效果为"无填充"，再选中图表中 1 月的单个销售额系列，将其填充成与"占位"系列一样的效果，然后选中 1 月中的占位系列，如右上图所示。

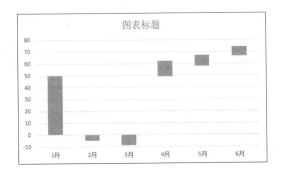

将选中的单个柱形同样填充为"无填充"效果，此时可以看到瀑布的雏形，如左上图所示。然后输入图表标题，对图表进行深度优化，并显示出有颜色填充效果的数据标签。在数据标签格式窗格中，单击"标签选项"下"标签位置"组中的"居中"单选按钮，设置标签的显示方式，如右上图所示。

思维拓展

由基本图表衍生出的瀑布图样式也是多种多样的，如上文中的负值瀑布图，还有多簇瀑布图、涨跌注线瀑布图等。它们虽然样式各异，但是其制作的原理是一致的。下面为大家介绍涨跌注线创建的瀑布图，其过程和结果如下页图所示。

		起始	终止
2012年	255	0	255
因素1	250	255	505
因素2	269	505	774
因素3	390	774	1164
因素4	-102	1164	1062
因素5	-348	1062	714
因素6	310	714	1024
2013年	456	0	456

如左图的数据源，其中C2=0，C9=0，D2=B2+C2，C3=D2，填充 C3 单元格公式至 C8 单元格中。

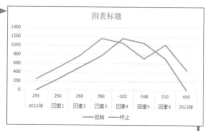

选中创建好的图表，在"图表工具 > 设计"选项卡下的"图表布局"组中单击"添加图表元素"按钮下的单击"涨跌注线"

添加数据标签，隐藏纵坐标和网格线，格式化涨跌注线

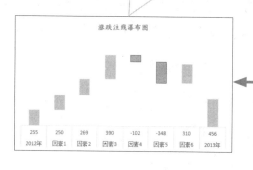

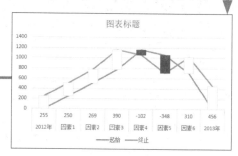

9.2 使用阶梯形的甘特图管理项目

据说有一种甘特图可以很好地管理项目计划。但是我怎么也制作不出那样的效果，而且我想显示的数据还没显示出来，无奈之下只有选择常规的条形图了！

条形图本身就能很好地表达各种项目管理，只是人们为了追求更好的表达形式才逐渐使用具有特殊效果的甘特图。当然甘特图的效果来源于关键步骤的操作！

甘特图是 20 世纪亨利·甘特提出的图表系统法，后以他的名字命名。甘特图以图示的方式，通过活动列表和时间刻度，形象地表示出任何特定项目的活动顺序和持续时间，直接表明任务计划在什么时候进行及实际进展与计划要求的对比。和瀑布图类似，甘特图是由基本的条形图衍生而来的。

情景对比

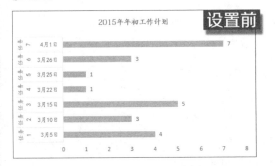

设置前

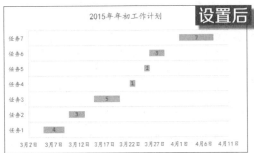

设置后

应用分析

在"设置前"图中横坐标表示了工期天数，根据显示的数据标签能读出各任务需要的时间，而纵坐标表示了"序号"和"开始时间"两个系列，虽然每种任务都对应唯一的开始时间，但图表表达出来纵轴会过于烦琐。在"设置后"中明确地将横轴设置为日期坐标，不同的直条块对应的横坐标就是任务的开始时间，而Y轴表示了各任务的排序，所以在图表区域中显示出每种任务需要花费的时间情况。无论是在表达形式上还是理解难度上后者都优于前者。

步骤要点

序号	开始时间	工期/天	具体内容
任务1	3月5日	4	员工招聘
任务2	3月10日	3	员工培训
任务3	3月15日	5	新员工市场调查
任务4	3月22日	1	新员工入职考试
任务5	3月25日	1	部门聚餐
任务6	3月26日	3	拓展活动
任务7	4月1日	7	组织员工旅游

先选择数据源中的A、B列数据，如左上图所示，然后插入堆积条形图。再打开"选择数据源"对话框，单击"添加"按钮打开"编辑数据系列"对话框，根据表格中的C列数据设置"系列名称"和"系列值"，结果如右上图所示。

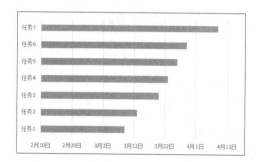

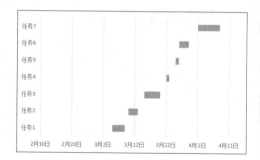

添加新系列后，图表的样式变为左上图所示的结果，选中图表中的"开始时间"系列，将其填充为"无填充"效果，结果如右上图所示。

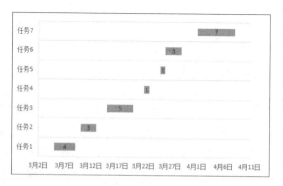

双击横坐标轴，在坐标轴格式窗格中设置坐标轴的边界值和单位值，结果如左上图所示。此步骤是为了缩小日期坐标的间隔，让工期天数显示得更清楚。

9.3 将数据差异较大的异常值分层显示

我在分析 2013 年每月的营业额时，发现其他月份的营业额都在 10 万元以下，唯独 9 月达到了 80 多万元。这样异常的数据制作出的图表会让正常的值被缩小显示，这要如何是好？

你说的就是一组数据中因为个别异常值影响图表的表达，但是又不能将异常值去除的情况。鉴于此，可以用人们说的断层图来展示，它能弥补默认的基本图表中存在的这种缺陷！

如果图表中数据差异较大，则会造成小的数据无法清楚展示，而且图表中还会留下大量空白区域。为了解决此类问题，人们设计出所谓的"断层图"，将数据系列和坐标轴呈现出断层的效果，便于隐藏空白的区域，而且能将大多数正常值清晰地展示出来。

情景对比

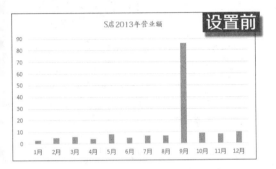

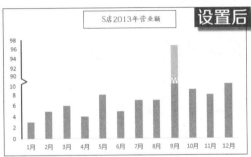

应用分析

对比"设置前"与"设置后"中的图表，前者是柱形图的默认效果，其Y轴坐标是间隔相等的刻度表示，这一因素导致图表中多数直条显示在10刻度以下，而代表9月营业额的直条耸立于图表中，让整个图表失去饱和性。而"设置后"中，将Y轴坐标分成两类刻度表示，10万元以下为表示正常值的区域，80万元以上表示图中特殊数据的区域，整个图表的直条差异没有"设置前"中的差异大，而且"设置后"中能将各月的营业情况清楚地表示出来，让读者阅读无障碍。

步骤要点

	营业额	断层下数值	断层标志	断层上数值
1月	3	3	0	0
2月	5	5	0	0
3月	6	6	0	0
4月	4	4	0	0
5月	8	8	0	0
6月	5	5	0	0
7月	7	7	0	0
8月	7	7	0	0
9月	86	10	1	6
10月	9	9	0	0
11月	8	8	0	0
12月	10	10	0	0

断层标志	断层上数值	仿Y轴X值	仿Y轴Y值	XY标签
0	0	0	0	0
0	0	0	2	2
0	0	0	4	4
0	0	0	6	6
0	0	0	8	8
0	0	0	10	10
0	0	0.05	10.5	
0	0	0	11	90
1	6	0	12	92
0	0	0	13	94
0	0	0	15	96
0	0	0	18	98

如上页左上图所示，是图表的数据源。其中"断层下数值""断层标志"和"断层上数值"列项目中的数值来源是通过公式计算而得的。在 D2 单元格中输入公式"=IF(B2<=10,B2,10)"，E2 单元格中的公式"=IF(B2>10,1,0)"，F2 单元格中的公式"=IF(B2>80,B2-80,0)"，同时将 3 列中的公式向下填充就可得到上面的结果。而上页右上图后列的（即原始表格中的 H、I、J 列）辅助数据是根据图表需要而手动输入的，它的意义在于让图表展示得更完美，可通过后续的图表制作去了解这些数据怎样设置。

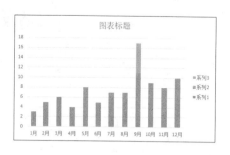
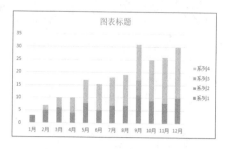

选取单元格区域 A2:A13、D2:F13，插入堆积柱形图，得到左上图所示的图表。再选取表格中的 I 列数据区域 I2:I13，按 Ctrl+C 组合键进行复制，然后选中图表按 Ctrl+V 组合键，此时图表上新增系列 4，效果如右上图所示。

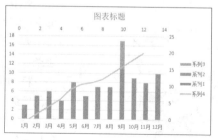

打开"更改图表类型"对话框，在"组合"图形中设置"系列 4"的图表类型为"带直线的散点图"，并勾选系列 4 中的"次要坐标轴"复选框。而其他三个系列统一为"堆积柱形图"，如左上图所示。更改图表类型后的效果如右上图所示。

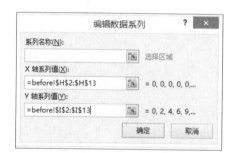
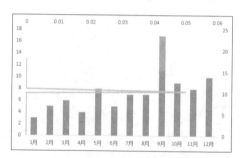

　　打开"选择数据源"对话框，在"图例项"下方区域中选择"系列 4"，然后单击"编辑"按钮，在弹出的"编辑数据系列"对话框中，设置"X 轴系列值"和"Y 轴系列值"，即将表格中 H 列的数据作为 X 轴值，I 列的数据作为 Y 轴值，结果如上页左上图所示。取消图表标题、网格线和系列项的显示，此时的图表样式变为上页右上图所示的结果。

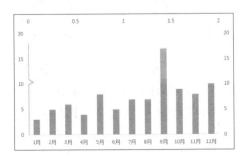 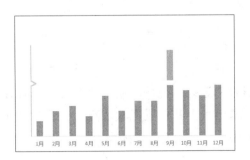

　　双击 Y 轴主要坐标轴，在弹出的"设置坐标轴格式"窗格中，单击"坐标轴选项"，在其下拉列表中设置边界最大值为"21"，将 Y 轴次要坐标轴的边界最大值同样设置为"21"，再将横轴次要坐标中的边界最大值设置为"2"，此时图表的结果如左上图所示。然后隐藏图表中的 Y 轴坐标轴值和横轴次要坐标轴值，并将图表中橙色填充的柱形块填充为无色效果，得到如右上图所示的结果。

 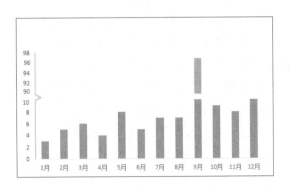

　　显示出系列 4 的数据标签，然后选中标签右击，在弹出的快捷列表中单击"设置数据标签格式"选项。如左上图所示，在数据标签格式窗格中先设置"标签位置"为"靠左"，然后将"标签包括"组中默认被勾选的项取消，只勾选"单元格中的值"复选框，并在弹出的对话框中设置标签区域为 J2:J13。此时图表效果如右上图所示。

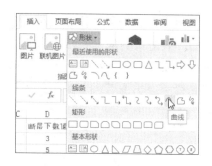 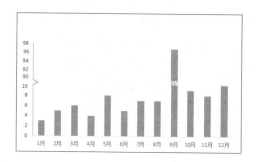

在"插入"选项卡的"插图"组中单击"形状"右侧的下三角按钮，在展开的列表中选择"线条"中的"曲线"，如左上图所示。在图表中绘制一条曲线，缩放至适当大小并放置在被填充为无色效果的柱形中，再将图中的灰色柱形填充为蓝色效果，最终如右上图所示。

思维拓展

上文中的断层图是模拟 Y 轴创建的，其原理就是巧妙处理散点图与堆积柱形图的组合图，让散点图呈现出 Y 轴的效果，而让堆积柱形图中的某些特殊数据呈现出断层的效果，它一般用于数据中大数据较多的时候。

除了模拟 Y 轴创建的断层图外，还有一种操作简单点的简单断层图，如右图所示。它不需要修改 Y 轴坐标刻度，也不需要辅助的散点图，而是直接对数据较大的值进行断层处理。其方法是插入形状中的"资料带"样式，将其填充为白色底纹和无色边框，并放置在正常值范围内即可。

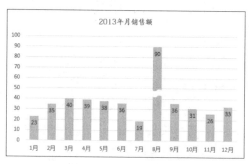

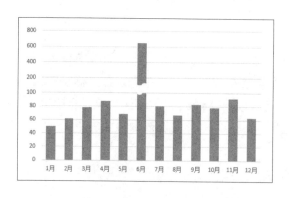

像左图这样的断层图是通过多个图表叠加而成的。首先将异常值拆分成两组数据，一部分作为正常值，另一部分作为异常值。其中的正常值可设置正常范围内的最大刻度，超出正常值范围内的部分作为异常值处理。然后将两组数据绘制的图表重叠在一起，隐藏不需要的元素即可。

9.4 用子弹图显示数据的优劣

我最近常遇到这样的问题，数据类目较多而显示不了完整的信息。如将每月的工作量完成情况做成图表后，还需要显示出不同月份的级别和目标值，这让我很难实现！

你说的这种情况不就是常用的子弹图吗！它在表示这样的数据时有很好的效果，而且应用越来越广泛，你真的应该好好掌握它的制作方法！

在 Excel 中做子弹图，能清晰地看到计划与实际完成情况的对比，常常用于销售、营销分析、财务分析等。用子弹图表示数据，使数据相互的比较变得十分容易。同时读者也可以快速地判断数据和目标及优劣的关系。为了便于对比，子弹图的显示通常采用百分比而不是绝对值。

情景对比

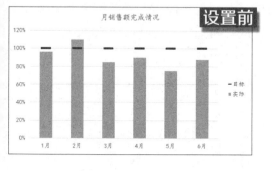

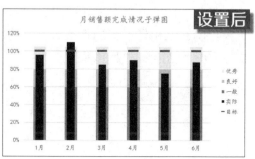

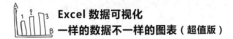

应用分析

　　"设置前"中展示了实际数与目标值的对比关系，是一种表达简单易懂的图表，而"设置后"中看似复杂的样式却隐藏了更多的信息。如果读者清楚子弹图的表达意义，就能很快地从"设置后"图表中分析出每月的销售额完成情况与目标值的差异，还能看出每月销售额的优劣等级。"设置后"图表的实现其实就是通过填充不同颜色来实现的，再辅助使用系列选项的分类间隔！

步骤要点

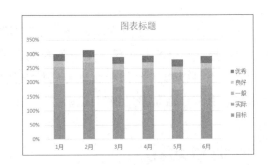

	1月	2月	3月	4月	5月	6月
目标	100%	100%	100%	100%	100%	100%
实际	96%	110%	85%	90%	75%	88%
一般	60%	60%	60%	60%	60%	60%
良好	20%	20%	20%	20%	20%	20%
优秀	25%	25%	25%	25%	25%	25%

　　如左上图的表格数据，其中的"一般""良好""优秀"三行数据主要是根据需要显示的堆积柱形图的直条长度手动输入的。再选取单元格区域 A2:G7，插入堆积柱形图，结果如右上图所示。

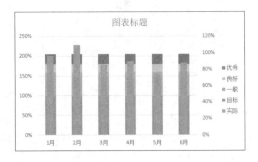

　　双击图表中的"实际"系列，在数据系列格式窗格中的"系列选项"下选择"次坐标轴"，并设置"分类间距"值为"300%"，如左上图所示。此时图表的样式变为右上图所示的结果。

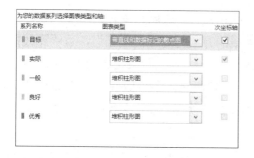
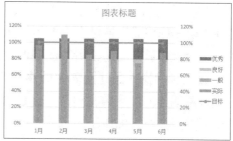

打开"更改图表类型"对话框，设置"目标"系列的图表类型为"带直线和数据标记的散点图"，如左上图所示。此操作是让目标数据以数据标记的形式显示出来，与其他系列的柱形加以区别，如右上图所示的结果。

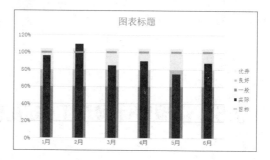

删除次要坐标轴，然后选中带数据标记的散点图，在数据系列格式窗格中，单击"填充图标"下的"标记 > 数据标记选项"，然后设置标记的"类型"和"大小"，如左上图所示。回到图表中，分别将数据系列"一般""良好""优秀""实际"由深至浅地填充颜色，得到右上图所示的效果。最后对图表进行深度优化，如标题名称、字体样式等。

💡 思维拓展

在上文的子弹图中除了使用带数据标记的散点图来表示"目标"值外，还可以使用误差线达到一样的效果。首先选中图表中的"目标"系列，在"图表工具 > 设计"选项卡下的"图表布局"组中单击"添加图表元素"下三角按钮，在展开的列表中指向"误差线"选项，然后单击"百分比"误差线。

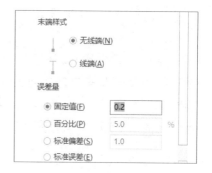

为数据系列添加误差线后，选中图表中的误差线，先删除垂直方向上的误差线，然后在"误差线格式"窗格中设置水平误差线的方向为"正负偏差"，且"无线端"样式，在"误差量"组中设置"固定值"为"0.2"，如上页右上图所示。

前面几步的操作是让图表中的误差线越来越明显，还可以在"误差线格式"窗格中选择更明显的颜色填充线条，并设置线条的"宽度"为"2.5 磅"，如左下图所示，最后得到如右下图所示的子弹图。

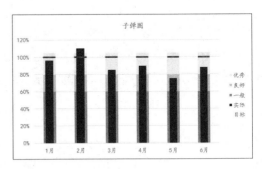

9.5 用温度计展示工作进度

> 经理让我这半个月时间跟踪市场部的工作进度，要每天给他反映新的工作情况，就是反映业务员完成短期计划中的百分比。不就是两个系列的柱形图吗？需要如此强调！

> 你真不要小看那些叫你做事的领导！他们大多是从基层员工提拔起来的，所以很多人对你的工作很了解。其实他们需要的不仅仅是一个结果，而是一个能满足视觉的效果！

温度计式的 Excel 图表以比较形象的动态显示某项工作完成的百分比，指示出工作的进度或某些数据的增长。这种图表就像一个温度计一样，会根据数据的改动随时发生直观的变化。要实现这样一个图表效果，关键是用一个单一的单元格（包含百分比值）作为一个数据系列，再对图表区和柱形条填充具有对比效果的颜色。

情景对比

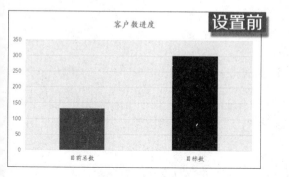

设置前

客户数进度

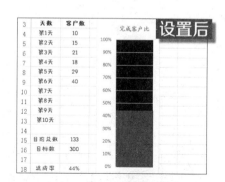

设置后

完成客户比

天数	客户数
第1天	10
第2天	15
第3天	21
第4天	18
第5天	29
第6天	40
第7天	
第8天	
第9天	
第10天	
目前总数	133
目标数	300
达成率	44%

应用分析

　　"设置前"与"设置后"中的图表都反映了半个月内员工的工作进度，"设置前"中是以员工实际拜访客户数作为纵坐标值，将"目前总数"和"目标数"用两个柱形表示。而"设置后"中用实际拜访的客户数除以目标数的百分比作为纵坐标值，在图表中只展示"达成率"这个值。表格中的"达成率"是一个动态的数值，当数据逐渐录入完成后，"达成率"也就越来越接近100%，图表中的红色区域也就逐渐掩盖黑色区域，像一个温度计达到最高温度那样。用温度计似的图表来表示这样的动态数据很实用。

步骤要点

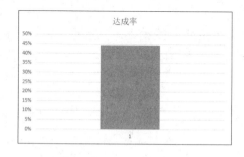

达成率

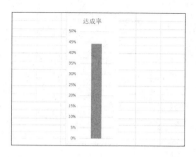

达成率

　　在工作表中选点单个单元格 B18，插入簇状柱形图，结果如左上图所示。选中图表，在"图表工具 > 格式"选项卡下的"大小"组中设置图表的高度为"9.74 厘米"，宽度为"4.04 厘米"，再删除横坐标轴，图表样式变为右上图所示的结果。

选中图表中的柱形，在数据系列格式窗格中的"系列选项"下设置"分类间距"为"0"，如左上图所示。再单击纵坐标轴，窗格内容切换至"设置坐标轴格式"下，在"坐标轴选项"组中设置边界"最大值"为"1.0"，"主要"刻度单位为"0.1"，如右上图所示。

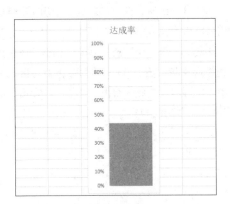 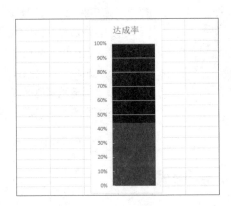

设置完坐标轴选项后图表样式变为如左上图所示的结果，然后选中图表中的数据系列在数据系列格式窗格中设置"纯色填充"，并使用红色。再选中图表中的绘图区，并设置为"纯色填充"，选用黑色。

9.6 用滑珠图对比不同系列的数值差异

最近你给我讲了很多特殊图表，它们的表现形式确实很好看，所以我自学了所谓的"滑珠图"，但结果并不理想，设计了一半就被整迷糊了，图表效果也就乱七八糟的！

做事要有始有终，做图就像做事一样，不到最后你是看不到它带来的成功效果的，尽管在过程中出现你未曾预料的结果，但是按照正确的操作方式进行下去你就会有收获的！

"滑珠图"与其他特殊图表的制作原理一样，是在基本图表基础之上通过添加辅助数据结合组合图形而展现具有生活特征的图表。"滑珠图"是通过改变条形图而来的，其样式就像几颗珠子在横杆上滑动，能形象地刻画数据变化时珠子的滑动情况。

情景对比

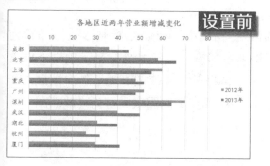

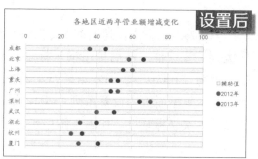

应用分析

在上面两份图表中，"设置前"的表现形式并无不妥，而且也能直观分析出两个数据系列之间的相对大小。但是对比"设置后"中的图表，你会感觉后者在不影响数值表达的情况下展示得更加清晰、简单，这就是特殊图表在实际工作中的应用效果。随着信息时代的快速发展，人们接受信息更倾向于轻阅读、快阅读，这样不但能减少时间的浪费，还能将信息表达得更透彻，并且降低了理解难度。

步骤要点

	2012年	2013年	辅助值	Y值
成都	36	45	100	9.5
北京	58	66	100	8.5
上海	60	55	100	7.5
重庆	48	52	100	6.5
广州	52	48	100	5.5
深圳	70	64	100	4.5
武汉	40	50	100	3.5
湖北	31	40	100	2.5
杭州	26	32	100	1.5
厦门	30	41	100	0.5

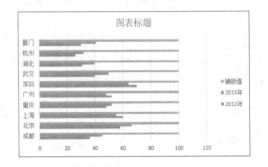

选取表格中的 A2:D12 数据区域，然后插入簇状条形图，图表结果如右上图所示。左上图的表格中，D、E 列数据都是根据图表需要自行输入的。

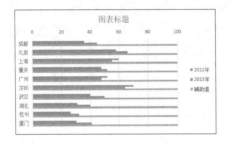

双击纵坐标轴，在弹出的"设置坐标轴格式"窗格中，勾选"坐标轴选项"下的"逆序类别"复选框，然后单击横坐标轴，窗格内容切换后，在"坐标轴选项"下设置最大值为"100.0"，图表结果如左上图所示。再打开"更改图表类型"对话框，在"组合"类型面板中设置系列"2012 年"和"2013 年"的图表类型为"散点图"，并勾选"次坐标轴"，如右上图所示。

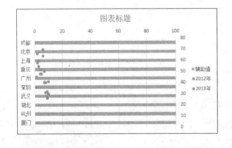

在上一步操作后，图表样式变为左上图所示的结果。再打开"选择数据源"对话框，在"图例项"下方区域选择"2012 年"并单击"编辑"按钮，在弹出的"编辑数据系列"对话框中设置 XY 轴系列值，结果如右上图所示。

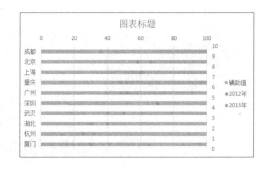

用同样的方法设置系列 2013 年的 XY 轴系列值，结果如左上图所示。此时的图表样式结果如右上图所示。

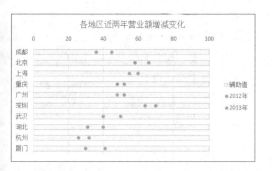

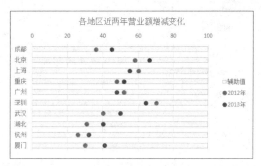

当图形基本成形后，再对图表进行优化处理。删除 Y 轴的次要坐标轴，并输入标题，将辅助数据的直条填充浅灰色效果，再缩小条间距的宽度，结果如左上图所示。分别选中散点图，在数据系列格式窗格中更改散点图的数据点颜色，在"边框"选项下输入"宽度"值为"1.25 磅"，这样操作时让数据圆点增大，使图表信息更加清楚，结果如右上图所示。最后对图表中的文字内容进行优化设置，得到"设置后"中的效果。

💡 思维拓展

麦肯锡矩阵图是对企业的战略事业单元进行业务组合分析的一个管理模型，也被称为 GE 矩阵或业务评估矩阵。

在 Excel 中实现 GE 矩阵主要需要两个步骤，一是设计一个九宫格的表格，填充不同的九种颜色；二是制作一张气泡图，将图表填充白色后设置透明度为 100%。最后将图表覆盖在九色表格区域中即可，过程如下页图所示。

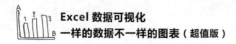

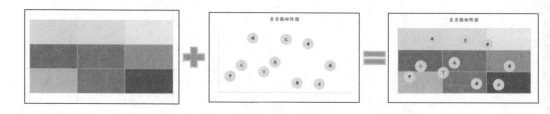

9.7　用漏斗图进行业务流程的差异分析

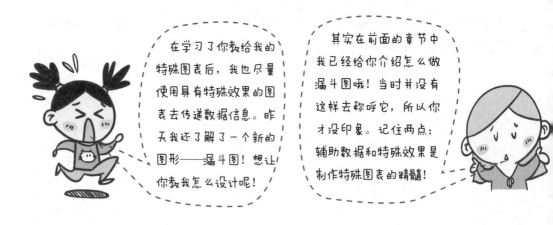

漏斗图是由 Light 与 Pillemer 于 1984 年提出的，并由 Egger 等人深入探讨，是元分析的有用工具。在 Excel 中绘制漏斗图需要借助堆积条形图来实现，漏斗图适用于业务流程比较规范、周期长、环节多的流程分析，通过漏斗各环节业务数据的比较，能够直观地发现和说明问题所在。

情景对比

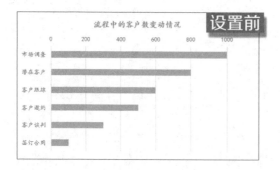

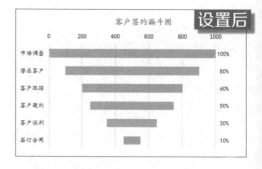

应用分析

在"设置前"与"设置后"图表中，前者是默认的簇状条形图，用绝对值表示直条的大小，其排列形式像反着的阶梯。而后者经过复杂的操作步骤后，让直条像漏斗一样显示在图表区域，横轴用绝对值表示，而纵轴用数据标签模拟每个直条的百分比表示，是一个关于刻度值为500的直线对称的图形。漏斗代表的意义就是数量逐渐减少的过程，这正符合了图表表达的业务流程，直观地说明了数据减少的环节所在。

步骤要点

	A	B	C	D
1		客户数	辅助值	百分比
2	市场调查	1000	0	100%
3	潜在客户	800	100	80%
4	客户跟踪	600	200	60%
5	客户邀约	500	250	50%
6	客户谈判	300	350	30%
7	签订合同	100	450	10%
8				
9				

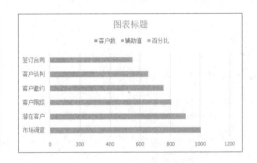

如左上图的数据表格，其中的"辅助值"和"百分比"都是根据 B 列的值计算而得来的。在 C2 单元格中输入公式"=$B$2-B2"，在 D2 单元格中输入公式"=B2/$B$2"，然后填充 C、D 列数据区域的空白单元格。再根据数据源插入堆积条形图，图表如右上图所示。

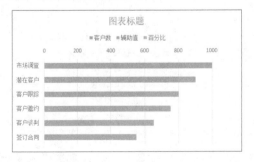

修改 Y 轴坐标轴为"逆序类别"，并设置水平轴的最大刻度为"1100.0"，图表结果如左上图所示。打开"选择数据源"对话框，选中"图例项"下方列表中的"辅助值"，再单击"上移"按钮，如右上图所示，该步骤是重新排列图表中系列的位置。

 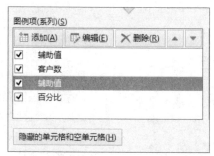

在上一步结束后继续单击对话框中的"添加"按钮，在弹出的"编辑数据系列"对话框中，添加列表中已有的"辅助值"系列，添加步骤如左上图所示。当返回到"选择数据源"对话框中时，重新调整新添加的"辅助值"系列的位置，即将它上移至"客户数"与"百分比"之间，结果如右上图所示。

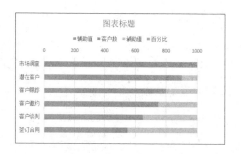 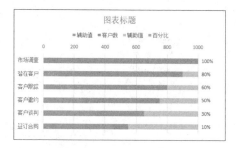

经过前几步的调整后图表样式变为左上图所示的结果。选中图标中的"百分比"系列值，由于其代表的是百分数，所以在图表中不容易识别出来，将百分比的标签显示在"轴内侧"，这样操作其实就是模拟 Y 轴次要坐标，结果如右上图所示。

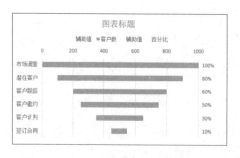 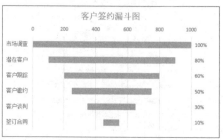

将两个"辅助值"和"百分比"系列所代表的直条的填充效果设置为"无填充"，这样漏斗就基本成形，如左上图所示。然后取消图例的显示，并将蓝色的直条颜色改为蓝-灰色样式，如右上图所示。最后对图表中的文字内容设置字体格式，便得到"设置后"中的效果图。

思维拓展

人口金字塔图的制作过程与第 5 章直条图中的 5.7 节内容相似，最大的差别在于图表最后将两组系列的"分类间距"设置为 0，即图表中的条间距为 0，再为直条的边框设置不同于直条的颜色将各直条分开。需要注意的是横轴的负数坐标可以通过数字格式转化为正数形式，如下面两图所示。

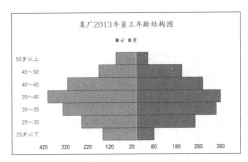

读书笔记

第 **10** 章

灵活多变的动态图表

- 利用数据有效性实现图表切换
- 定义名称更新图表数据
- 用 CELL 函数实现图表的动态展示
- 使用窗体控件在图表中筛选数据
- 用 VBA 创建指定日期内的动态图
- 透视数据库的交互式报表
- 组合透视表中的日期字段
- 使用横向的切片器筛选数据
- 值字段让你的透视表千变万化
- 比透视表更直观的透视图

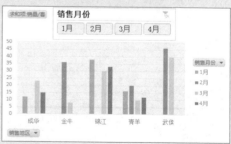

10.1 利用数据有效性实现图表切换

昨天经理要我用动态图表展示三种产品每个季度的销量情况。我还是第一次听到 Excel 图表有动态的，直接用一个堆积柱形图表示不就完了吗？至于这么费劲吗？

这你就不懂了，动态图表的好处就是让你的图表随你而动。你们领导让你做动态图表就是想看一些简单的图表，但又能包含所有的信息。其实动态图表的制作没你说的那么费劲。

　　动态图表是 Excel 图表高层次的应用。简单地讲，动态图表就是会变化的图表，所以它又被称为交互式图表，就是读者在执行某个操作后，图表中的数据会立马发生改变。动态图表的原理来源于筛选功能，就是筛选不同的内容时图表展现不一样的数据，它在基本图表上上升一个台阶，达到一个图表中动态展示多个数据的效果。

📖 情景对比

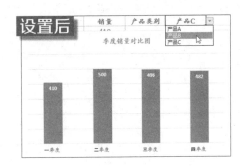

应用分析

　　"设置前"中的图表是常规的堆积柱形图，这也是在一般情况下多数人会选择的图表样式，由于其表现得"死板"，遭到了图表高手们的"嫌弃"。所以根据读者需求，人们对图表不断地进行改进，将"死"的图表也变得灵活起来，这就是现在被世人称道的动态图表。"设置后"中就是一种简单的动态图表，它利用数据验证功能和一些查找函数设计而成。所以只要选择表格中的某个产品，就能在图表中显示其完整的信息。

步骤要点

　　在原数据区域添加辅助的数据区域，如左上图中的 8 ～ 12 行中的结果。然后选定单元格 D8，在"数据"选项卡下的"数据工具"组中单击"数据验证"按钮，在弹出对话框中的"设置"选项下设置"验证条件"为"序列"，"来源"为"产品 A，产品 B，产品 C"，如右上图所示。

　　在 B9 单元格中输入公式："=VLOOKUP(A9,$A$2:$D$6,MATCH($D$8,$A$2:$D$2),FALSE)"，如左上图所示。将 B9 单元格中的公式复制至 B12 单元格处，然后在 D8 单元格的下拉列表中选择"产品 A"，如右上图所示。此时 B9:B12 单元格中的数据就会自动更新。

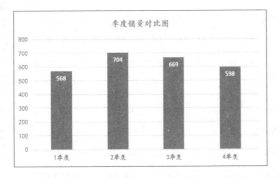
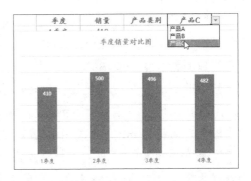

以单元格区域 A8:B12 为数据源插入簇状柱形图，对图表进行优化处理后得到左上图所示的效果图。选择 D8 单元格中的其他序列，图表中的柱形也会随之改变，如右上图所示。

思维拓展

在上文的动态图表创建过程中使用了 VLOOKUP 函数和 MATCH 函数，下面分别介绍这两种常见函数的用法。

VLOOKUP 函数来源于 LOOKUP 函数，其中的 V 表示垂直方向，所以还有一个表示水平方向的 HLOOKUP 函数。

VLOOKUP[lookup_value,table_array,col_index_num,(range_lookup)]。其中前三个参数是必不可少的。参数 lookup_value 表示要在表格或区域的列中搜索的值或引用。如果为 lookup_value 参数提供的值小于 table_array 参数列中的最小值，则 Vlookup 函数将返回错误值 #N/A；参数 table_array 表示包含数据的单元格区域，可以对区域（例如，A2:B10）或区域名称进行引用；参数 col_index_num 是 table_array 参数中必须返回的匹配值的列号，col_index_num 参数为 1 时，返回 table_array 第一列中的值；col_index_num 为 2 时，返回 table_array 第二列中的值，以此类推；range_lookup 是可选参数，代表一个逻辑值，指定 Vlookup 查找精确匹配值还是近似匹配值，如果 range_lookup 为 TRUE 或被省略，则返回精确匹配值或近似匹配值。如果找不到精确匹配值，则返回小于 lookup_value 的最大值。

		f_x	=VLOOKUP(D2,A2:B6,2,0)		
A	B	C	D	E	F	G
编码	姓名		编码	姓名		
DP01	王岚		DP04	李丽		
DP02	刘可					
DP03	朱爱琼					
DP04	李丽					
DP05	张波					

如左图表中的数据，在 D2 单元格中编码 DP04，然后在 E2 单元格中输入公式"=VLOOKUP(D2,A2:B6,2,0)"，它表示在区域 A2:B6 中查找编号为 DP04 在第 2 列中的值。

MATCH 函数返回指定数值在指定数组区域中的位置。它的语法格式为：MATCH(lookup_value, lookup_array, match_type)。其中参数 lookup_value 表示需要在数据表（lookup_array）中查找的值；参数 lookup_array 表示可能包含有所要查找数值的连续的单元格区域，区域必须是某一行或某一列，即必须为一维数据，引用的查找区域是一维数组。参数 match_type 为 1 时，查找小于或等于 lookup_value 的最大数值在 lookup_array 中的位置，lookup_array 必须按升序排列，当它为 0 时，查找等于 lookup_value 的第一个数值，lookup_array 按任意顺序排列，当它为 -1 时，查找大于或等于 lookup_value 的最小数值在 lookup_array 中的位置，lookup_array 必须按降序排列。利用 MATCH 函数查找功能时，当查找条件存在时，MATCH 函数结果为具体位置（数值），否则显示 #N/A 错误。

如右边图表中的数据所示，在 G1:G8 区域中输入数据 23 ～ 30，在 I1 单元格中输入公式"=MATCH(G3,G1:G8,1)"，该函数的功能是在 G 列中查找单元格 G3 中值所在列的位置。

		f_x	=MATCH(G3,G1:G8,1)	
G	H	I	J	K
23		3		
24				
25				
26				
27				
28				
29				
30				

10.2 定义名称更新图表数据

动态图表真的太好用了，就像你上次给我介绍的数据有效性让我的图表活灵活现啊！各部门都让我给他们讲怎么实现的。这不又来找你支招了，多教我点呗！

你的学习意识还蛮强的啊！那我再给你讲讲使用"名称管理器"功能实现交互式图表吧！它的效果比数据的效果更好哦！如果你对函数很了解的话，这对你来说并不难的。

上节内容中介绍了利用数据有效性创建动态图表，本节内容介绍使用"名称管理器"功能创建动态图表。使用名称功能创建动态图表有两大优势，一是名称本身的功能将大量的数据用一个简单的名字统一概括，二是在"引用位置"文本框中添加函数对数据源按条件进行筛选。

情景对比

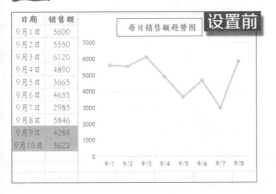

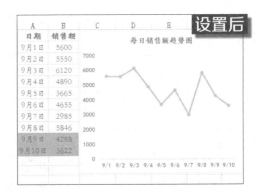

应用分析

"设置前"中表示的是9月1日至9月8日的销售额数据，是一种静态的图表形式。如果有新的数据录入，图表中并不会立刻表示出来，而需要重新选择数据源才能将新增的数据展示在图表中。而"设置后"图表是经过名称定义后的动态图表，当在"日期"和"销售额"列项目下输入新的数据时，图表内容会立即更新，显示出更多的数据。"设置后"中的图表能动态表示每日的销售额情况，月底能快速分析数据趋势。

步骤要点

在左上图的表格中输入了9月1日至9月8日的销售额数据。然后在"公式"选项卡下单击"定义的名称"组中的"名称管理器"按钮，如右上图所示。

在弹出的"名称管理器"对话框中单击"新建"按钮，打开"新建名称"对话框，如左上图所示，然后在"名称"文本框中输入"日期"，在"引用位置"文本框中输入公式："=OFFSET(before!$A$2,0,0,COUNTA(before!$A:$A)-1,1)"。确定后重新返回到"名称管理器"对话框中，再新建"销售额"的引用，如右上图所示，其中的引用位置公式为：=OFFSET(before!$B$2,0,0,COUNTA(before!$B:$B)-1,1)。

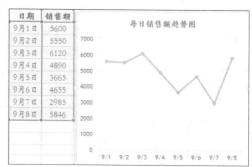

新建"日期"和"销售额"名称后，在"名称管理器"对话框中就可以清楚地看到名称的具体信息，包括其中引用的位置公式，如左上图所示。然后用表格中的数据创建带数据标记的折线图，对图表进行美化处理，得到如右上图所示的结果。

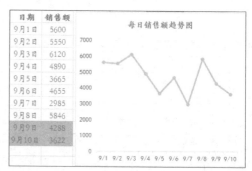

选中图表中的数据系列，在编辑栏中可看到公式："=SERIES(before!$B$1, before!$A$2:$A$9,before!$B$2:$B$9,1)"，将其中的单元格区域 $A$2:$A$9 改为"日期"，$B$2:$B$9 改为"销售额"，按 Enter 键后公式变为上页左上图的结果，这就是实现动态图表的关键步骤。然后在原数据表格中继续数据添加，此时图表内容也会随之增加，如上页右上图所示。

💡 思维拓展

在上文的操作过程中使用了 OFFSET 函数和 COUNTA 函数，下面来看看它们的用法。

在 Excel 中，OFFSET 函数的功能为以指定的引用为参照系，通过给定偏移量得到新的引用。返回的引用可以为一个单元格或单元格区域，并可以指定返回的行数或列数。OFFSET(reference,rows,cols,height,width)，参数 reference 作为偏移量参照系的引用区域。Reference 必须为对单元格或相连单元格区域的引用，否则函数 OFFSET 返回错误值 #VALUE!；参数 rows 表示相对于偏移量参照系的左上角单元格，上（下）偏移的行数。如果使用 4 作为参数 rows，则说明目标引用区域的左上角单元格比 reference 低 4 行。行数可为正数（代表在起始引用的下方）或负数（代表在起始引用的上方）；cols 相对于偏移量参照系的左上角单元格，左（右）偏移的列数。如果使用 3 作为参数 cols，则说明目标引用区域的左上角的单元格比 reference 靠右 3 列。列数可为正数（代表在起始引用的右边）或负数（代表在起始引用的左边）；height 高度，即所要返回的引用区域的行数，且该参数必须为正数；width 宽度，表示所要返回的引用区域的列数，该参数也必须为正数。

而 COUNTA(value1,value2,…) 函数的功能是返回参数列表中非空值的单元格个数，其中的参数 value 表示所要计算的值。如下表格中的示例所示。

	A	B	C	D
1	举例	函数	返回结果	说明
2	文本	COUNTA(A2:A8)	6	计算数据区域A2:A8中非空单元格的个数
3	2014/9/20	COUNTA(A5:A8)	3	计算数据区域A5:A8中非空单元格的个数
4	10	COUNTA(A2:A8,3)	7	计算数据中非空单元格以及包含数值"5"的单元格个数。即计算A2: A8非空单元格的数量（6个），外加数值"5"这一个数据的总个数为7个
5				
6	TRUE			
7	1.5			
8	#N/A			

10.3 用 CELL 函数实现图表的动态展示

我有过这样一个假想：如果我的鼠标指向哪里图表就展示什么样的数据，那该多好啊！是不是觉得我的想法异想天开啊！其实我就是了解动态图表后胡思乱想了一些。

你的思维还真不简单，还有这么"神奇"的想法！不过在我这里，这想法还是可以实现的哦。我能帮你解决图表的疑难杂症。

　　Excel 函数的功能是非常强大的。不但能解决各种复杂的计算，还能创建动态性的图表。而常用于创建动态性图表的函数也是比较多的，如 OFFSET、IF、INDEX、MATCH、VLOOKUP、CHOOSE、CELL 等。而本节就是要为大家介绍如何通过 CELL 函数使图表根据鼠标选择的数据区域显示图表的内容。

情景对比

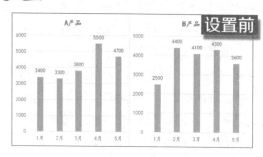

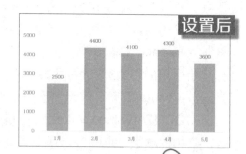

应用分析

　　为了单独显示每种产品的销售额数据，"设置前"中创建了用多个图表来分开表示不同产品的销售情况，这样的操作不仅显得累赘而且图表过多会造成混乱。而"设置后"是根据数据源的改变而变动的动态图表，它的制作原理是通过设置数组公式，然后用鼠标所选区域来更改数据源的结果。其实现的动态效果与数据有效性实现的动态图表一样，而且操作起来也一样的方便，是众多动态图表中的新思路。

步骤要点

	1月	2月	3月	4月	5月
A产品	3400	3300	3800	5500	4700
B产品	2500	4400	4100	4300	3600
C产品	3600	5100	2900	3400	4200
D产品	4800	2900	3200	5000	3000
E产品	3600	4400	2800	3300	4500
	1月	2月	3月	4月	5月
B产品	2500	4400	4100	4300	3600

在原数据表格下方添加辅助区域，即第 8 行的数据。选取 A9:F9 单元格区域，然后在编辑栏中输入公式"=OFFSET(A2:F6,CELL("ROW")-2,)"，按 Ctrl+Shift+Enter 组合键完成输入，此时输入的简单公式变为数组形式，即在原有的公式外多了一组大括号标志，如左上图所示，且 A9:F9 单元格区域显示结果为 0。再用鼠标选取 B 产品的销售额数据，并按 F9 键，此时 A9:F9 区域显示了所选的区域数据，如右上图所示。

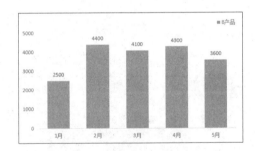
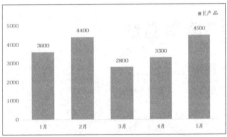

用 A8:F9 单元格区域中的数据创建簇状柱形图，如左上图所示。如果在数据源表格中重新选中 E 产品的销售额数据并按 F9 键，则图表立即变为产品 E 的销售额信息，如右上图所示。

思维拓展

只要开动脑筋 Excel 中很多功能都可以创建动态图表，如视图管理器，它是通过"视图"选项下的"自定义视图"命令来实现的。还有一种常用的自动筛选功能，由于创建的图表只显示筛选后的数据，所示用户可以根据筛选条件显示动态图表。在 Excel 中如果图表的数据源有被隐藏的行或列，则图表会将相应的数据隐藏不显示，其实筛选功能和视图管理器所创建的动态图表的原理就来于此。

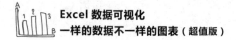
10.4　使用窗体控件在图表中筛选数据

我知道在你的知识库里一定还隐藏着很多不为我所知的信息。我就是想多向你学习更多有用的东西，让我在图表应用上稍有一些容身之地啊！在动态图表中肯定不止你给我讲的那些吧？

看来我让你"走火入魔"了！鉴于你这么好学的分上我就再给你讲讲使用窗体控件如何实现动态图表吧！说真的，当你学习了窗体控件后你会感慨你知道得太晚了！

　　使用窗体控件创建动态图表可以在图表上进行切换。Excel 2013 为用户提供了两种控件：表单控件和 Active 控件，其中的表单控件也是人们常说的窗体控件。与 Active 控件相比，窗体控件操作更简单，一般不需要编写代码就能实现交互式操作。

情景对比

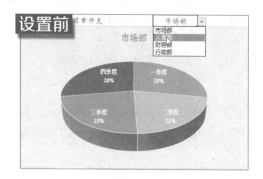

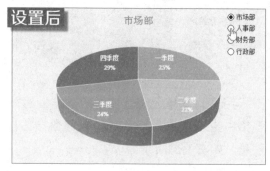

应用分析

"设置前"中的图表是我们刚接触动态图表时利用数据有效性和相关函数创建的，能在静态图表中添加这一要素实现图表动态化是很大的进步，但是这需要将图表与表格联系起来才可完成。而"设置后"中使用窗体控件将筛选功能添加到图表上，实现图表一体化可谓是静态图表的更大进步。用户若要切换图表中的数据直接单击图表中的单选按钮即可，无需再结合表格中的下拉列表来操作。

步骤要点

在原数据表格中添加辅助区域：在 A8 单元格中输入"1"，在 A10:A13 区域输入四个季度的名称，然后在 B9 单元格中输入公式"=OFFSET(A2,0,$A$8)"，如左上图所示。按 Enter 键后显示结果，再将公式填充至 A13 单元格中，结果如右上图所示。

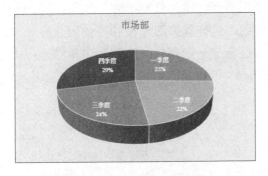

选取数据区域 A9:B13，插入饼图，对图表进行优化处理后得到如左上图所示的结果。然后在"开发工具"选项卡下的"控件"组中单击"插入"列表中的"选项按钮"，如右上图所示（如果功能区中没有"开发工具"选项，需要在"Excel 选项"对话框中的"自定义功能区"中进行添加）。

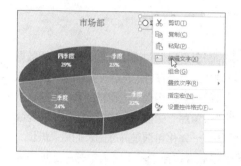 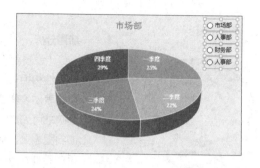

在上一步操作后，将鼠标定位在图表右上方单击一下即可绘制一个选项按钮，再右击该按钮，在弹出的快捷列表中单击"编辑文字"选项，如左上图所示，对按钮命名为"市场部"。然后复制三个选项按钮，并分别对它们命名为"人事部""财务部"和"行政部"，如右上图所示。

同时选中四个选项按钮，在"绘图工具 > 格式"选项卡下单击"排列"组中的"对齐"按钮，在展开的列表中先后单击"左对齐"和"纵向分布"命令，如左上图所示。然后同样在"排列"组中单击"组合"按钮，这样就将四个按钮控件组合在一起，读者还可以选中组合后的图形与图表再次组合成一个整体。在图表中单独选中"市场部"按钮并右击，在展开的快捷列表中选择"设置控件格式命令"，如右上图所示。

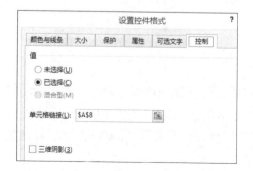 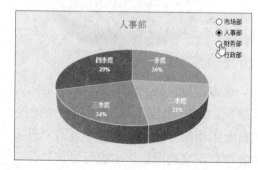

打开"设置控件格式"对话框后，系统默认在"控制"选项下，单击"已选择"单选按钮，然后设置"单元格链接"为"$A$8"，如上页左上图所示。确定设置返回到图表上，单击其他部门的按钮，可查看图表的变化，如上页右上图所示。

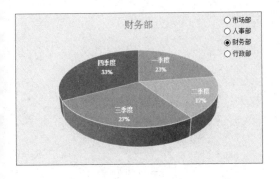

	市场部	人事部	财务部	行政部
一季度	5600	4000	2900	1800
二季度	4900	3200	2200	2000
三季度	5200	3600	3400	1900
四季度	6300	4500	4100	2500
3				
	财务部			
一季度	2900			
二季度	2200			
三季度	3400			
四季度	4100			

当选择其他部门的按钮时，不仅图表会切换到相应部门所表示的值，而且表格中的数据源也会随之改变，如上图所示。

思维拓展

尽管创建动态图表的方法很多，但不是每个人都会选择使用表单控件去创建的。根据读者自身的操作方便性不同，有些读者在某些时候还是会选择数据有效性来筛选数据的。其实在前面介绍数据有效性创建数据图表时就有一个遗留的问题，当筛选不同结果显示图表信息时，由于有些图表的标题是随着所选单元格的不同而不同，这就导致每次筛选后需要修改一次图表标题，这是一项很繁重且变动性很大的操作。在此我们为大家找到了解决此问题的方法，即采用公式自动修改图表标题，也就是创建动态的图表标题，它适合于任何动态的图表设计中。

以上文"设置前"中的结果为例，选中使用数据有效性创建的动态图表标题，然后在编辑栏中输入公式"= 拓展 !$D$8"，由于该图表标题是随着表格中 D8 单元格中的文本变化而变化的，所以需要输入工作表的名称和具体单元格，如右图所示。

×	✓	fx	=拓展!$D$8	
	B	C	D	E
	部门季度日常开支			
	市场部	人事部	财务部	行政部
	5600	4000	2900	1800
	市场部			

单击"拓展"工作表的 D8 单元格下拉列表，从中选择"财务部"，如左下图所示。此时不但图表中的数据会改变，而且设置的图表标题也会随之变动，结果如右下图所示。

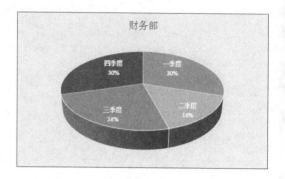

10.5 用 VBA 创建指定日期内的动态图

无论是大型的国有企业还是小本经营的个体商户，他们都有一个经销的过程。而销售带来的就是企业的利润，因此企业会请专业的从业人员记录每日的产品销售情况，这样在年底就便于分析年销售额和利润的关系。然而当日销售记录达到足够多的时候，若要回头查看某个时间段的数据时，难免会因为数据繁多而造成困扰。如果你是一个 VBA 高手，那么这些所有的疑虑都可迎刃而解。使用 VBA 代码来实现更复杂的操作是当下 Excel 学习过程中不断提倡的好方法。其实所有的软件功能都是通过程序员编写的代码来实现的。

情景对比

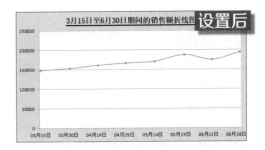

应用分析

在上面的"设置前"表格中记录了2013年A产品每半个月的销售情况。通过编写代码后，计算出"销售额"中的结果，并创建期间销售额的曲线图。当添加窗体控件并指定宏后，单击按钮再输入需要创建的期间曲线图的开始日期和结束日期后，系统自动生成这段时间内的销售额曲线图。如"设置后"所示，就是输入开始日期"3月15日"和结束日期"6月30日"后，代码创建出的销售额曲线图。该过程全是通过VBA程序语言实现的，如果输入不同的日期，则系统后台就会创建相应时间内的曲线图表。

步骤要点

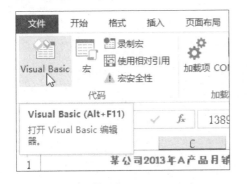
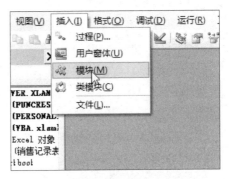

在"开发工具"选项卡下的"代码"组中单击"Visual Basic"按钮，如左上图所示。当进入 VBA 编程环境后，在"插入"菜单下单击"模块"命令，如右上图所示。

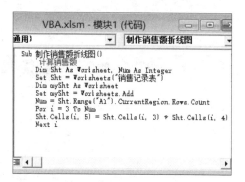

在插入的模块 1 中输入代码段 1，如左上图所示的结果，该代码段主要实现销售额的值。在代码段 1 后继续输入代码段 2，如右上图所示的结果，该代码段是获取指定日期的销售数据。

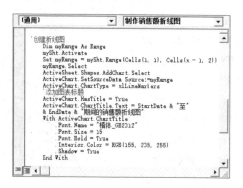 

在代码段 2 后输入代码段 3，结果如左上图所示，代码段 3 就是创建曲线图的过程并对图表命名。然后在代码段 3 后输入最后一段代码 4，如右上图所示，该段代码实现了图表样式的设置。

 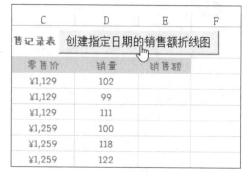

按 Alt+F11 组合键返回到 Excel 工作表中，同样在"开发工具"选项卡下，单击"控件"组中的"插入"下三角按钮，在展开的列表中单击"表单控件"组中的"按钮（窗

体控件）"按钮，然后在表中进行绘制，绘制结束后会先弹出"指定宏"对话框，如上页左上图所示。选择"制作销售额曲线图"，确定后关闭该对话框即可。然后将按钮重新命名为"创建指定日期的销售额曲线图"，如上页右上图所示。

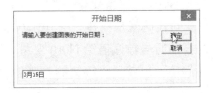

单击控件按钮，代码运行后弹出"开始日期"对话框，在文本框中输入日期"3月 15 日"，如左上图所示，再单击"确定"按钮进行下一步操作。然后在弹出的"结束日期"对话框中输入"6 月 30 日"，如右上图所示。

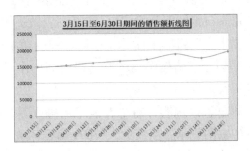

经过前面的操作步骤后，代码在后台运行，"销售记录表"中第 5 列显示出销售额的计算结果，如左上图所示。同时生成所选日期的曲线图表，如右上图所示。用户可以打开"坐标轴格式"窗格，进行手动设置坐标的显示形式，作进一步优化处理。

思维拓展

在上文的动态图表制作过程中，涉及很多看似陌生的程序代码，其中的每一个语句都是一个操作的步骤和实现的功能。

这里给大家简单分析下其中的某些语句，若要句句搞懂，需要认真学习有关方面的知识。例如：

计算销售额

```
Dim Sht As Worksheet, Num As Integer
Set Sht = Worksheets(" 销售记录表 ")
Dim mySht As Worksheet
Set mySht = Worksheets.Add
Num = Sht.Range("A1").CurrentRegion.Rows.Count
```

```
For i = 3 To Num
Sht.Cells(i, 5) = Sht.Cells(i, 3) * Sht.Cells(i, 4)
Next i
```

该段代码首先定义了工作表 Sht，同时定义 Num 为整型变量。然后将工作簿中的"销售记录表"赋值给 Sht 工作表。第 3 ~ 4 句代码就是新建一张 mySht 工作表，第 5 句代码就是将计算出工作簿中最底端有内容的行号数赋值给 Num 变量。后面的三句代码就是从第 3 行开始依次计算第 5 列中的值，也就是"销售额 = 零售价 × 销售数量"这个等式。

从上面的简单几行代码可知，只要你熟悉计算机编程语言，Excel 中的所有操作都可以通过代码实现。

我们可以再模拟一个例子。假设小王 2014 年 9 月 1 日至同年 9 月 20 日在某酒店做临时工，酒店要求小王每日工作 5 个小时，并付每小时 20 元的薪酬。请编程代码计算这段时间内小王所领的工资有多少？

	A	B
1	开始日期	2014/9/1
2	结束日期	2014/9/20
3	小时薪资	20
4	薪资总额	
5		

根据假设内容，首先在表格中输入基本的数据，如右图所示。然后进入 VBA 编程环境，插入模块后输入如下代码段：

```
Sub 计算临时工工资 ()
    Dim Sht As Worksheet
    Set Sht = Worksheets("Sheet1")
    Dim myDays As Integer
    myDays = WorksheetFunction.NetworkDays(Sht.Range("B1"), Sht.Range("B2"))
    Sht.Range("B4") = myDays * 5 * Sht.Range("B3")
    Sht.Range("B4").Style = "currency"
End Sub
```

输入完代码后，在功能区中单击"运行子过程/用户窗体"按钮▶，或直接按 F5 键运行代码。然后返回到 Excel 工作表中，可以看到代码的运行结果，如右图所示。

	A	B
1	开始日期	2014/9/1
2	结束日期	2014/9/20
3	小时薪资	20
4	薪资总额	￥ 1,500.00
5		

10.6 透视数据库的交互式报表

还记得在第1章的时候您就给我讲处理数据的三个妙方：排序、筛选和分类汇总。在分析数据的过程中，它们确实给我带来了很多方便，特别是分类汇总在表示数据类别时最有用。

学习知识都是从基础开始的。在分类表示数据时你觉得分类汇总很管用，但是我这还有一种更有效的方法，那就是数据透视表，它的功能远胜过分类汇总。

数据透视表是一种交互式报表，能对大量的数据进行汇总，帮助读者分析和处理数据。一般在创建数据透视表时不需要像分类汇总那样对数据进行排序，透视表的优势就是可以对不规则的数据如"流水账"进行快速汇总，它的数据源必须以数据库的形式存在，数据库中包含分类类别和数据。一个数据库可以创建任意多个数据字段和分类字段。

情景对比

设置前

员工费用报销明细表				
出差日期	姓名	所属部门	报销类别	报销金额
2014/4/10	陈菲	销售部	交通费	150
2014/5/17	陈菲	销售部	住宿费	150
2014/6/3	陈菲	销售部	交通费	85
陈菲 汇总				385
何亚 汇总				250
李飞榜 汇总				390
谭军 汇总				780
张涛 汇总				500
张宇宗 汇总				260
郑天华 汇总				330
朱爱琼 汇总				240
总计				3135

设置后

所属部门	(全部)

求和项:报销金额	列标				
行标签	餐费	交通费	应酬费	住宿费	总计
陈菲		235		150	385
何亚	200	50			250
李飞榜	50	40	300		390
谭军			780		780
张涛			500		500
张宇宗		260			260
郑天华		180		150	330
朱爱琼		90		150	240
总计	250	855	1580	450	3135

应用分析

　　"设置前"中的表格就是通过分类汇总来表示数据类别的，根据不同的汇总字段和汇总方式可以统计出不同的表现形式，如果需要查看每个类别中的详细情况可以单击左边的十字形的展开按钮。但是与"设置后"中的数据透视表相比，分类汇总就存在很多不足，如表现数据不如后者简洁，而且在更换字段（即关键字）时分类汇总需要重新打开分类汇总对话框进行设置，而"设置后"中只需要在字段窗格中拖动字段调换位置即可，还可以直接在表格中进行多重筛选，这些都是分类汇总功能无法实现的。

步骤要点

　　选定表格数据的任意单元格，在"插入"选项卡下的"表格"组中单击"数据透视表"按钮，如左上图所示。在弹出的"创建数据透视表"对话框中，系统默认的表格区域一般就是所要选择的数据区域，然后单击"现有工作表"按钮，并选定某个单元格位置，如右上图所示。

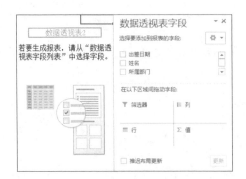

在上一步操作后，弹出空白的"数据透视表 2"和"数据透视表字段"窗格，如上页左上图所示。在字段窗格中拖动字段到不同的区域中，字段的布局结果如上页右上图所示。

所属部门	(全部)			
求和项:报销金额	列标			
行标签	餐费	交通费	应酬费	住宿费	总计
陈菲		235		150	385
何亚	200	50			250
李飞扬	50	40	300		390
谭军			780		780
张涛			500		500
张宇宗		260			260
郑天华		180		150	330
朱爱琼		90		150	240
总计	250	855	1580	450	3135

G		H	I	J
所属部门		销售部		
求和项:报销金额	列标签			
行标签		交通费	住宿费	总计
陈菲		235	150	385
郑天华		180	150	330
朱爱琼		90	150	240
总计		505	450	955

对字段进行合理布局后，数据透视表中显示出相应的结果，从透视表中可以看出有三个筛选器可供筛选，假如要筛选部门字段中的"销售部"，则筛选后的结果如右上图所示。

💡 思维拓展

在创建数据透视表时，数据源的选择是关键，如果读者用心就会发现在"创建数据透视表"对话框中可以通过外部数据源来创建透视表。下面就给大家简单介绍一下如何利用外部数据创建数据透视表。

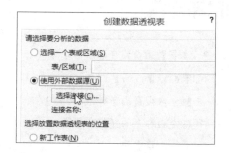

首先打开"创建数据透视表"对话框，然后选择"使用外部数据源"选项，并单击"选择连接"按钮，如左上图所示。在弹出的"现有连接"对话框中单击"浏览更多"按钮，如右上图所示。

　　根据操作提示，选择需要打开的工作簿，如果选择的工作簿中有多个工作表，则还需要选择具体的工作表，如上图所示。

　　当选择好工作簿中的工作表后，返回到"创建数据透视表"对话框中，设置透视表的放置位置，确定设置后就可在表格中看到插入的空白数据透视表格和字段窗格，通过窗格中显示的字段，可以对字段进行布局筛选需要的数据信息。

10.7　组合透视表中的日期字段

数据透视表如此强大可还是展示不了我要的结果啊！比如我统计员工出差所要报销差旅费情况，由于是按出差日期记录的，所以1年下来肯定有不少数据！这样……

不是数据透视表展示不了你要的结果，而是你自己还不熟悉透视表的各种用法。像你说的那个问题其实很简单的，你只需要将"出差日期"字段组合成"月"的形式，就不会有那么多数据啦！

　　数据透视表无论是从布局上还是从样式上都有其自己的一套程序。如果字段布局不合理，则表示的数据也乱七八糟，所以在分析数据时需要明白表中有什么数据，

还需要清楚得到什么结果，然后通过"分析"和"设计"选项卡下的众多功能，实现数据透视表的多元化操作。

情景对比

设置前

求和项:报销金额	列标签			
行标签	销售部	财务部	工程部	
2014/4/10	150			150
2014/4/15			80	80
2014/4/22			260	260
2014/4/26		300		300
2014/4/30	180			180
2014/5/8			400	400
2014/5/12			120	120
2014/5/17	150			150
2014/5/20	150			150
2014/5/23	90			90
2014/5/28		50		50
2014/6/3	85			85
2014/6/6			380	380
2014/6/11		40		40
2014/6/17			50	50
2014/6/24			500	500
2014/6/29	150			150
总计	955	390	1540	250	3135

设置后

	A	B	C	D		
求和项:报销金额		列标签				
行标签		销售部	财务部	工程部	企划部	总计
4月		330	300	260	80	970
5月		390	50	400	120	960
6月		235	40	880	50	1205
总计		955	390	1540	250	3135

应用分析

"设置前"中是在默认情况下的数据透视表的表现形式，如果要分析每月的数据，则"设置前"中的结果无疑就显得"画蛇添足"，因为具体的出差日期并不是这里需要了解的，我们只需要计算出每个月各部门的差旅费情况。所以基于此，使用"组字段"功能将日期按"月"进行汇总，这样在数据较多的透视表中只显示了4～6月份的差旅费情况。虽然透视表具有强大的数据筛选功能，但是若要展现更合理的效果就需要对透视表进行更深一步的设计。

步骤要点

在创建好的数据透视表中，选定日期列中的任意单元格，然后在"数据透视表工具 > 分析"选项卡下的"分组"组中单击"组字段"按钮，如上页左上图所示。弹出"组合"对话框后，系统会根据透视表中的日期默认开始日期和终止日期，再选择"步长"列表中的"月"，如上页右上图所示。这样就将原来按天显示的日期自动汇总成月的形式。

💡 思维拓展

组合字段是为了将日期按月份进行汇总，在月底分析月数据时很适用。如果需要取消字段的组合，同样是在"分析"选项卡下的"分组"组中，单击"取消组合"按钮即可，如右图所示。

数据透视表也有自己的风格，与普通的表格一样，数据透视表可以套用系统提供的各种样式。在"数据透视表工具 > 设计"选项下的"数据透视表样式"组中选择具有网格线功能的样式 14，再勾选"数据透视表样式选项"组中的"镶边行"复选框，如左下图所示。此时透视表的样式变为右下图所示的效果。

10.8 使用横向的切片器筛选数据

在使用数据透视表分析数据时可以插入切片器辅助筛选，操作切片器筛选数据会比直接在透视表中进行筛选来得更快，这就是我研究透视表后的新发现哦！

你发现了切片器的功能，那你有仔细究过如何更好地使用切片器吗？你是否还是按照默认切片器的方式去排列按钮？有没有想过将按钮展示在水平方向会更好？

切片器是数据透视表进行筛选的得力助手，它可以实现交互式的筛选操作。切片器包含一组按钮，单击不同的按钮可以快速地筛选数据透视表中的数据，而不必单击常规的筛选器按钮查看要显示的项目。切片器的一个重要应用就是在一个工作表中若存在多个透视表，使用切片器连接可以同步操作这些数据透视表。

情景对比

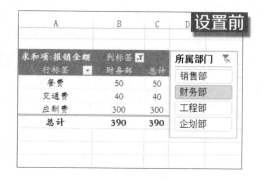

应用分析

　　默认的切片器项目是纵向分布的，如"设置前"中的效果，所以在筛选数据时需要按列进行筛选。而人们的操作习惯是在水平方向上进行筛选，对比"设置前"与"设置后"中的切片器排列方式，就会发现"设置后"中操作的方便性会比"设置前"中的强，因为按数据的分布形式，水平方向上的排列会让数据展示得更加清楚。而切片器纵横的差距仅在于对切片器按钮的排列形式的变化。

步骤要点

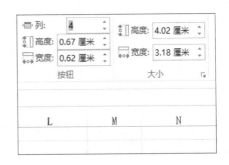

　　在"数据透视表工具 > 分析"选项卡下的"筛选"组中单击"插入切片器"按钮，然后在弹出的对话框中勾选需要筛选的关键字。默认的切片器内容是纵向排列的，即列数字为"1"。然后选中切片器在"切片器工具 > 选项"卡下的"按钮"组中将列数"1"更改为"4"，如上图所示。

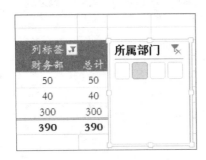

　　更改切片器的列数后，切片器的分布由原来的纵向变为左上图的横向。再手动调整切片器为合适的高度和宽度，结果如右上图所示。

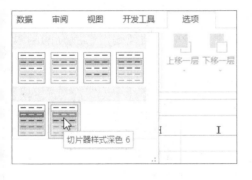

还是在"切片器工具 > 选项"卡下，单击"切片器样式深色 6"，如左上图所示。将切片器移至透视表的上方调整至合适位置，结果如右上图所示，这样就可以在行上直接筛选数据量。

思维拓展

如果你的数据透视表中有与日期相关的字段，可以使用日程表来管理日期，它和切片器有相似的筛选作用，只是日程表在表示日期时有更强的功能。

仍以上文中的数据源为例，同样是在"分析"选项卡下的"筛选"组中单击"插入日程表"按钮，如右图所示。然后在弹出的对话框中勾选"出差日期"选项。

在弹出的日程表中显示了日期所在的年份的所有月份值，在列表中单击任意月份时，透视表中会显示相应的数据，如左图所示。如果所选的月份在透视表中不存在时，则筛选的透视表结果就为空白。

在插入的日程表中还可以更改日期的显示形式，即按年、季度、月和日四种形式显示，如上页右上图所示，在日程表中单击右上方的下三角按钮，在展开的列表中就可以选择一种方式来显示日期。

另外可以在"切片器工具 > 选项"卡下的"切片器"组中单击"切片器设置"按钮，在弹出的对话框中可以设置切片器项目的排序方式，默认是按升序排列的。对话框中还可以设置切片器的名称，如在"标题"栏中输入"部门按钮"，并选择项目为"降序"排列，如左下图所示，则切片器更改后的结果如右下图所示。

10.9 值字段让你的透视表千变万化

> 我又遇到一个棘手的难题！在数据透视表中的数字一般都是原始表格中的值，但是我希望通过透视表功能展示出百分比、平均值等，透视表中能实现这些功能吗？

> 这个当然可以的。而且它的计算方式不止求和与平均值，还有计数、最大值、最小值、方差等统计量，并且它的值显示方式也是多种多样的。

使用数据透视表分析数据不仅是"繁中取简"，它还为客户减少了计算过程中的繁重步骤。如要统计项目中的方差，就不再需要函数 VAR 来计算，或使用数据工具中的各种分析工具，在数据透视表中只要选择一种汇总方式，系统就能快速地将结果显示在透视表中，而且无论何种结果都可以用百分比或绝对值来显示。

情景对比

设置前

求和项:销售额	列标签				
行标签	地板	木门	纱窗	衣柜	总计
1月	13500	19200		46000	78700
2月		24000	20000	114000	158000
3月	20000	31200	29600	16000	96800
4月	6000	31200		44000	81200
总计	39500	105600	49600	220000	414700

设置后

求和项:销售额	列标签				
行标签	地板	木门	纱窗	衣柜	总计
1月	17.15%	24.40%	0.00%	58.45%	100.00%
2月	0.00%	15.19%	12.66%	72.15%	100.00%
3月	20.66%	32.23%	30.58%	16.53%	100.00%
4月	7.39%	38.42%	0.00%	54.19%	100.00%
总计	9.52%	25.46%	11.96%	53.05%	100.00%

应用分析

　　"设置前"中是将"销售额"数据按"求和"的方式进行汇总的,且其"值显示方式"是默认情况下的"无计算",也就是绝对值型。如果读者需要查看的是每个月中各产品销售额的百分比情况,这时"设置前"中的数据就无直接作用,而此时"设置后"中的结果就满足了用户这一需求,用"行汇总的百分比"效果省去了一些麻烦的计算步骤。所以在分析数据时要选择合理的表现形式才是分析的关键,否则一切都将会徒劳无功。

步骤要点

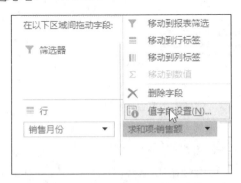

　　在"数据透视表字段"窗格中,单击"∑ 值"区域中"销售额"字段右侧的下三角按钮,在展开的列表中单击"值字段设置"选项,如左上图所示。然后在弹出的"值字段设置"对话框中,单击"值显示方式"按钮,在"值显示方式"列表中选择"行汇总的百分比",如右上图所示。

💡 思维拓展

如果在设置值字段的显示方式时，一定会牵涉到"值汇总方式"，也就是显示结果的计算类型。在一般情况下，将带有数字的字段布局在"∑值"区域时，默认的汇总方式是"求和"，如果将非数字类的字段布局在"∑值"区域时，则默认的计算类型就是"计数"。如在上文中的数据透视表中，将"销售地区"字段布局在"∑值"区域时，数据透视表中就自动以计数的方式汇总，如右图所示。

计数项:销售地区	列标签				
行标签	地板	木门	纱窗	衣柜	总计
1月	2	1		1	4
2月		1	2	3	6
3月	2	1	2		6
4月	1	2		1	4
总计	5	5	4	6	20

在"值字段设置"对话框中，单击"值汇总方式"按钮，在"计算类型"列表中选择一个汇总方式的依据，如"平均值"，则数据透视表中销售额数据的汇总结果会立即变为右下图所示的结果。

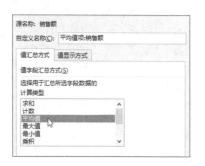

平均值项:销售额	列标签				
行标签	地板	木门	纱窗	衣柜	总计
1月	6750	19200		46000	19675
2月		24000	10000	38000	26333.33333
3月	10000	31200	14800	16000	16133.33333
4月	6000	15600		44000	20300
总计	7900	21120	12400	36666.66667	20735

➡ 10.10　比透视表更直观的透视图

学会了数据透视表，我就可以不用像以前那样想方设法地做图表了，透视表的功能如此强大，加之各种功能的综合运用，再复杂的表都可以简化成简单的几行数值！

你这是一个错误的想法哦！无论何时表格所表现的数据始终都不如图表来得直观。即便如此，你也可以在数据透视表的基础上创建图表啊，这可是一箭双雕啊！

当数据位于巨大数据透视表中时，或者当读者拥有许多复杂的工作表数据（其中包括文本和数字与列标题）时，可能很难纵观全局，而数据透视图就可以让这些数据变得有意义。与基础图表一样，数据透视图显示数据系列、类别和图表坐标轴，它还在图表上提供交互式筛选控件，以便快速分析数据子集。

情景对比

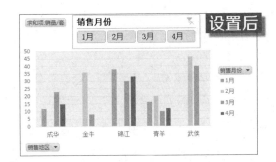

求和项:销量/套	列标签				
行标签	1月	2月	3月	4月	总计
成华	12		23	15	50
金牛		36	8		44
锦江	38		30	33	101
青羊	16	20	10	12	58
武侯		46	40		86
总计	66	102	111	60	339

应用分析

虽然数据透视表能够灵活地展现数据信息，但是表始终不如图表达得那么直观。图表除了可以准确直观地反映数值外，还可以揭示一些隐藏在数据背后的信息。所以对比"设置前"中的表与"设置后"中的图，你会发现柱形条的长度会比数字好辨别，而且不同类别间的对比也更加明显。当要查看更加明确的项目时，可在图表中单击下三角按钮进行筛选，或是根据切片器中的日期分类查看图表信息。

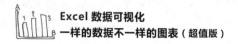步骤要点

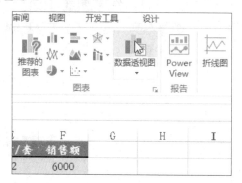

在"插入"选项卡下的"图表"组中单击"数据透视图"按钮，如左上图所示，设置好"创建数据透视图"对话框中的选项后，工作表中会同时生成数据透视表和数据透视图，如右上图所示。

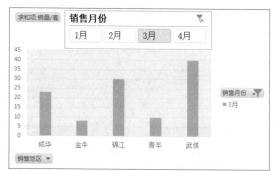

在"数据透视表字段"窗格中，用拖动法将字段分布在适当的标签区域中，结果如左上图所示。此时的数据透视表和透视图都会显示出相应的数据信息。为了方便筛选，插入切片器。当选择月份中的"3月"时，透视图就随即显示3月份各地区的销售额情况，如右上图所示。

思维拓展

创建数据透视图的方法除了上文介绍的以外，还有两种方式：一是在"数据透视表工具 > 分析"选项卡下的"工具"组中单击"数据透视图"按钮直接创建；二是按照创建基础图表的步骤来创建，首先在透视表中选取数据区域，然后在"插入"选项卡下的"图表"组中选择一种图表类型，此处选择簇状柱形图插入，则创建的结果与上文中的数据透视图一样。

第 **11** 章

数 据 的 可 视 化 之 美

- 不要让颜色的透明度影响信息的表达
- 在图表区填充恰如其分的图片
- 用象形图代替图表中的数据系列
- 手动绘制图形展现更生动的信息
- 不要用缩放不一致的图标表示数据大小
- 巧用 SmartArt 图形表示文本信息

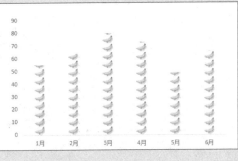

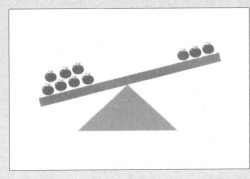

11.1 不要让颜色的透明度影响信息的表达

当初你说面积图在表示营业总额时是最优秀的，但是我发现当数据系列不止一个时，其表现力也不是那么乐观啊！为了不让数据被掩盖，只能选择堆积面积图了！

堆积面积图有一个明显的缺陷是它的坐标起点不在同一位置，若要比较它们的大小，难免有点费脑筋。在普通的面积图中只要稍微修改一下颜色的透明度就可解决你说的难题！

颜色是冲击人们眼球最直接的元素，当两种或者多种浅颜色配在一起时不会产生强烈的对比效果，同样多种深颜色合在一起效果也不会吸引人。但是，当一种浅颜色和一种深颜色混合在一起时，就会使浅色显得更浅，深色显得更深。而透明度就是通过改变颜色明亮程度来改变颜色样式的，从而在不同颜色间形成一种透视的效果。

📖 情景对比

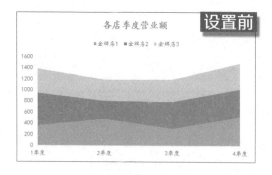

应用分析

　　面积图和折线图都有表现数据趋势的作用，但是面积图用颜色区域加强了数据的可视化，从而引起读者对数据值大小的注意。因此面积图的数据大小表达完整是关键，如果将数据遮盖，就不能发挥面积图的优势了。但是也不能一味地追求数据的完整显示，而忽略了在阅读过程中给读者造成困扰的因素，如上面的"设置前"图表，为了使每个系列值清晰地显示出来，将普通的面积图改为堆积面积图。其实，只要细心，改变颜色的透明度同样可以显示完整的数据，如"设置后"中的效果。

步骤要点

　　在图表中选中"金牌店 2"系列面积图，在数据系列格式窗格中，设置填充选项下的颜色"透明度"值为"30%"，如左上图所示。同样将"金牌店 3"系列面积图颜色的"透明度"改为"40%"，如右上图所示。

思维拓展

　　颜色有三要素，即色相、纯度和明度。其中色相以区别各种颜色，如红、绿、蓝等；纯度以示色彩深浅；明度以示色彩明暗。所有的颜色都是由三种原色调和而成的。三种原色是指红、黄、蓝。在原色的基础上衍生了间色，就是任何两种原色混合后所得到的颜色。例如红加黄得到橙，红加蓝得到紫，黄加蓝得到绿，如右图所示。

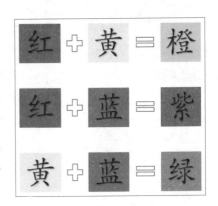

在颜色的分类中，还有一种混合色。它们是原色和一种临近的间接色混合而成的。如橘黄（黄加橙）、青（黄加绿）、深绿（绿加蓝）、绛（红加橙）等。

颜色的搭配是一门很深的学问。按性质的不同可从三个方面进行配色，一是色相配色，二是色调配色，三是明度配色。

明度是配色的重要因素，也是本节内容中运用到的关键技巧，明度的变化可以表现事物的立体感和远近感。

将明度分为高明度、中明度和低明度三类，这样明度就有了高明度配高明度、高明度配中明度、高明度配低明度、中明度配中明度、中明度配低明度、低明度配低明度六种搭配方式。其中高明度配高明度、中明度配中明度、低明度配低明度，属于相同明度配色。高明度配中明度、中明度配低明度，属于略微不同的明度配色。高明度配低明度属于对照明度配色。

11.2　在图表区填充恰如其分的图片

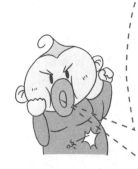

俗话说：人靠衣装马靠鞍。当你的图表拥有无可挑剔的"容貌"时，装扮上一套漂亮的"衣裳"可算是完美无瑕了。当然事无"完美"之论，人们追求的是"更好"之说。所以透过数据可视化过程后，数据之美就是图表的最高境界，而用实物图片彰显图表信息就是其中的一个方面。

情景对比

应用分析

　　如果在图表制作的前期，也许"设置前"中的效果算是比较优秀的。但若要你的图表"优上加优"，则可以使用贴切数据信息的象形图来美化图表，如"设置后"中的效果。很明显，在后者的图表中，由于添加了与图表内容相符的汽车图片，使表达的信息就更加具体，图表内容一目了然。这就是象形图所带来的优势，数形结合地表达了所要传递的信息。

步骤要点

　　选中绘图区，在绘图区格式窗格中，单击"填充"按钮下的"图片或纹理填充"，并单击"文件"按钮，如左上图所示。然后在弹出的对话框中选择存放图片的路径，如右上图所示，在"图片库"中选择需要的图片，再单击"插入"按钮即可。插入图片后还可以对图片的透明度进行设置，使图片的表现效果更好。

思维拓展

数据可视化是信息可视化的一个分支，涉及知识可视化、科学可视化等。广义的数据可视化就是将一切数据用图形表示，而在 Excel 中可以狭义地理解为数据图表化。数据可视化技术的基本思想是将数据库中每一个数据项作为单个图元元素来表示，大量的数据集构成数据图像，同时将数据的各个属性值以多维数据的形式来表示，可以从不同的维度观察数据，从而对数据进行更深入的观察和分析。

数据可视化主要旨在借助于图形化手段，清晰有效地传达与沟通信息。但是，这并不就意味着数据可视化就一定因为要实现其功能用途而令人感到枯燥乏味，或者是为了看上去绚丽多彩而显得极端复杂。为了有效地传达思想概念、美学形式与功能需要齐头并进，通过直观地传达关键的方面与特征，从而实现对于相当稀疏而又复杂的数据集的深入洞察。

在国外，许多大型企业、科研机构都会有相关部门进行数据可视化研究，如数字图书馆。媒体和政府机构也会对自己掌握的数据进行可视化分析，如犯罪地图。在互联网上，那些掌握了大量读者活动信息、读者关系网或语料库的网站，如 digg、flickr、friendfeed 或大型电子商务网站等，都有实验性的可视化项目。只是在国内这方面的商用或实验项目还是比较欠缺的。

11.3　用象形图代替图表中的数据系列

受你上次点拨后，我发现除了在绘图区域插入图片外，还可以对整个图表使用图片作为背景。它的效果也是不错的啊。就是看不出与绘图区插入图片有什么区别！

要说它们的区别吧，也就是在显示坐标轴和图表标题上，绘图区的图片不会干扰图表标题和坐标轴的显示，而选用整个图表插入的话，势必会造成坐标轴展示不清晰。

　　图表元素是图表传递信息的纽带。在众多的图表元素中，数据系列和坐标轴标志是任何图表都不可或缺的要素，根据图表数据的不同，或所要表达的信息差异还需要为图表添加图例、数据标签、标题、网格线等。所以在表达图表信息时，要避免将图表中的重要元素遮盖，或因为色差导致图表元素不能清楚地被辨认。

情景对比

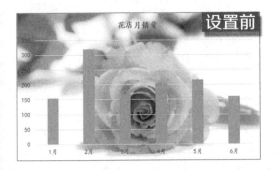
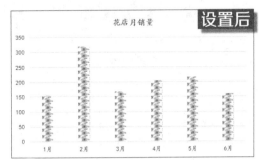

应用分析

　　"设置前"中插入带花的图片作为图表背景的确很形象，但是细心的读者会发现伴随这个优势所带来的弊端就是坐标轴展示得不够清晰。由于图片本身的色彩艳丽，导致部分坐标值看不清楚，这就严重妨碍了读者阅读图表。如果想使表达的图表形象而且不会带来阅读障碍，"设置后"中的表示方式是一个很优的选择。它通过填充图片的原理，将数据系列形象化，而且表达的数据信息干净、利索！

步骤要点

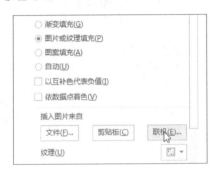

选中图表中的数据系列，在数据系列格式窗格中的"填充"选项下单击"图片或纹理填充"单选按钮，再单击"插入图片来自"组中的"联机"按钮，如上页左上图所示。然后在"插入图片"对话框中的"必应图像搜索"栏中输入"花"，如上页右上图所示，单击搜索按钮或按 Enter 键开始搜索。

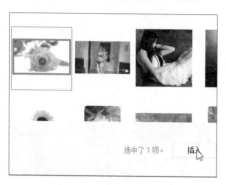
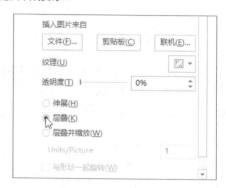

从搜索出的列表中选择一种样式的花并单击"插入"按钮，如左上图所示。然后继续在"设置数据系列格"式窗格中，将图片默认的"伸展"方式改为"层叠"方式，如右上图所示。

思维拓展

图片不仅可以布局在绘图区、数据系列中，还可以将图片放置在分类坐标轴上，用来代替坐标轴的系列分类。如在 1500 人中进行一次调查，统计出每个人的上班方式，其中就可以用不同的图片代替各种交通工具，如右图所示。

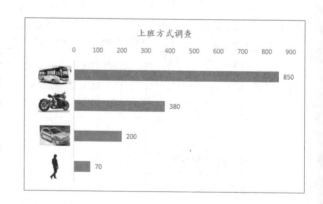

11.4 手动绘制图形展现更生动的信息

原来在图表领域我懂的真是"九牛一毛"啊！曾经幼稚地以为图表就是简单的几类柱形图、条形图、饼图等。学习了这么久的图表知识才真正感受到学海无涯啊！

社会的进步源自对世界的创新，说到底还是对未知事物探索得不够。回归在我们所专注的图表内容中，你会发现用 Excel 去实现数据可视化，可不只是图表能表示的。

在使用图表传递数据信息时，讲究的是直观。如果站在美学的角度讲，则图表更要形象、生动。所谓的"形象"，就是用有效的语言描述有形或可见的表现，如在图表中使用象形图来表示研究的对象。这里的"生动"就是在"形象"的基础上用更加容易被人理解的方式去表达信息。

情景对比

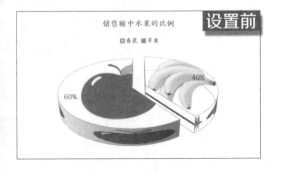

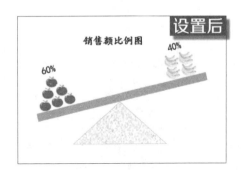

应用分析

"设置前"中是通过数据源创建的基本图表类型中的饼图，它联动着表格中的原始数据，将两个系列分别填充相应的图片来加强图表的表达效果。其实在数据的可视化过程中，使用基本图表只是一般性的选择，由于其表现的局限性，在某些特殊情况下，就需要手动绘制具有特殊效果的图形。如"设置后"中的图形，将几个常用的形状合理地组合在一起就可以设计成更加生动、形象的图形效果。在这种情况下，一般是针对比较简单的数据而言。

步骤要点

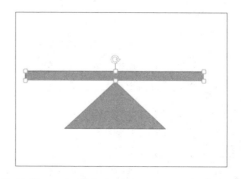

首先在"视图"选项卡下取消工作表的网格线，再切换至"插入"选项卡下，单击"插图"组中"形状"右侧的下三角按钮，在展开的列表中选择"基本形状"组中的"等腰三角形"，如左上图所示。然后在表格中绘制所选形状，用同样的方法再绘制一个矩形形状，结果如右上图所示。

选中矩形形状，在"绘图工具 > 格式"选项卡下，单击"排列"组中的"旋转"下三角按钮，从中单击"其他旋转选项"命令，如左上图所示。在弹出的"设置形状格式"窗格中，切换至"大小属性"选项下，在"大小"按钮下的"旋转"文本框中输入"–13°"或"347°"，如右上图所示。

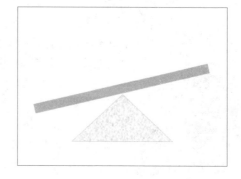

设置完大小属性后，切换至"填充"选项下，为矩形形状（包括线条）填充一样的颜色，如上页左上图所示。然后选中等腰三角形，并为其填充上页右上图所示的颜色。

同样在"插图"组中，单击"联机图片"按钮，如左上图所示。然后在弹出的插入图片框中使用"必应图像搜索"苹果图片，如右上图所示。

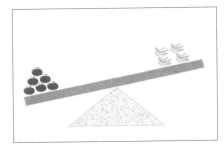

在表格中插入联机的苹果和香蕉图片，如左上图所示。将图片缩小到适当大小，并复制多个相同图片（6 张苹果图片、4 张香蕉图片），将它们分别放置在天平的两边，如右上图所示。最后绘制 3 个矩形框，分别输入标题和两个标签，优化处理后就得到"设置后"中的结果。

思维拓展

在 Excel 图表制作过程中，常常会涉及图形与图表的概念，虽然有时将二者通用，但它们有着其本质的区别。

其实图形是指在一个二维空间中可以用轮廓划分出若干的空间形状，图形是空间的一部分不具有空间的延展性，它是局限的可识别的形状。简而言之，图形是指由外部轮廓线条构成的矢量图。

而广义的图表是指在屏幕中显示的，可直观展示统计信息属性（时间性、数量性等），对知识挖掘和信息直观生动感受起关键作用的图形结构，是一种很好地将对象属性数据直观、形象地"可视化"的手段，如前面章节中介绍的各类基础图表、高级图表和动态图表。而图表设计就是通过图示、表格来表示某种事物的现象或某种思维的抽象观念。

11.5 不要用缩放不一致的图标表示数据大小

有时候数据很简单，却又不想表达得太简单，我就会选择使用"图形+图片"的方式去表示。这在我们部门受到了很大的赞扬。我还告诉他们用图片的大小可表示数据的大小呢。

用图片的大小代表数据的大小？如果是同性质的数据，你这样做就是误入歧途啦！在用图表表达数据时，数字标签和数字系列的长度（高低）就表示了数值的大小，你这不是多此一举吗！

在表达数据信息时，选择何种形式是信息传递过程中至关重要的一个环节，但是不同形式中的表现方式也同等重要。如在使用象形图去表示数据信息时，不要被图形本身的大小所迷惑。象形图代表的只是我们研究对象的形象化而已，本身并不形成数字大小的比较。这虽不是每个读者都会犯的错，却是制图过程不可小视的细节。

情景对比

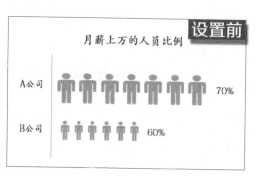

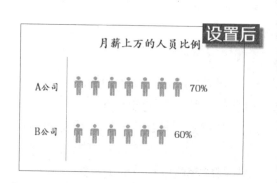

应用分析

在"设置前"中使用了人物简略图片表示数据系列，比较A、B两公司月薪上万的人员比例大小会发现：A公司月薪上万的占到了整个公司职工中的70%，而B公司月薪上万的只占了B公司所有职工中的60%，仅看数字就能看出A公司的比例值比B公司的高，但是图表中却使用了不同大小的图片来表示值的大小。这种表示方法会给读者造成"大人"与"小人"的错觉，而且在进行数据分析时，这本是一个不变的量，所以要用"设置后"中的效果去表示比较好。

步骤要点

取消表格中的网格线，并绘制 3 个矩形形状和一条垂直方向上的线条，如左上图所示。然后在工作表的"插入"选项卡下的"插图"组中单击"图片"按钮，打开"插入图片"对话框，根据文件路径选择图片，如右上图所示。

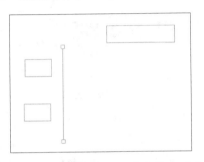
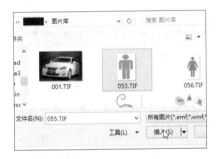

将插入的图片复制 12 张，排列在两行上，在矩形框中输入分类名称和标题，如左上图所示。然后分别选中同行上的所有图片，将其顶端对齐后再横向分布，并将矩形框的边框设置为"无边框"效果，优化处理后的效果如右上图所示。最后可添加上数据标签。

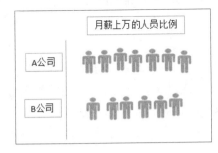
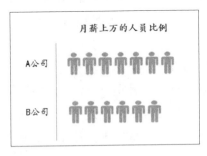

思维拓展

如果将某公司的员工作为一个研究的整体，若要分析公司中的男女比例，男女比例之和应等于 1。所以在上文的启示下可表示为如下图所示的结果。

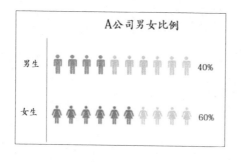
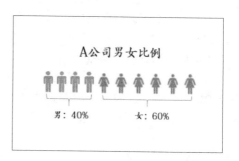

11.6 巧用 SmartArt 图形表示文本信息

虽然你给我讲述了用形状绘制图形的优越性，但是遇到信息量很大时，却是一项很繁重的工作。例如公司领导人的层次结构图，虽然它是由几种形状组合而成的，但要做好真的不容易。

这种情况如果还要选择用形状去绘制就真的是愚钝之极了！难道你不知道在 Excel 中有一种 SmartArt 图形？它包含了各种样式，什么结构图对它来说都是选择与输入那么简单。

SmartArt 图形是信息和观点的视觉表示形式。可以通过从多种不同布局中进行选择来创建 SmartArt 图形，从而快速、轻松、有效地传达信息。如果绘制形状来传递信息，则可能无法专注于内容，而是要花费大量时间进行如下操作：使各个形状大小相同并且适当对齐；使文字正确显示；手动设置形状的格式以符合文档的总体样式等。

情景对比

设置前

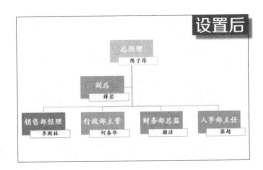

设置后

应用分析

　　"设置前"中的图形是使用形状列表中的矩形、线条组合而成的，它显示了公司领导人的等级结构情况，整个图形表现得很简单。而"设置后"中同样展示了公司领导人的层次结构，由于其套用的是SmartArt图形中现成的层次结构图，使得其表现效果明显增强。经过对比"设置前"与"设置后"中的表达效果，后者无论是在样式上还是读者的喜好程度上，都胜过前者。而且后者的操作步骤也比"设置前"中的简单。

步骤要点

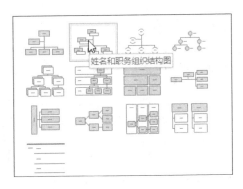

　　取消工作表中的网格线，在"插入"选项卡下的"插图"组中单击"SmartArt"按钮，如左上图所示。在弹出的对话框中单击"层次结构"选项，然后在右侧列表中选择"姓名和职务组织结构图"，如右上图所示。

221

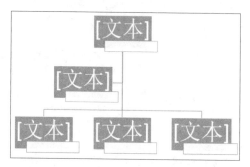 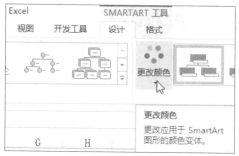

如左上图是插入的 SmartArt 图形，默认情况下是统一的蓝色文本框。选中图形，在 "SMARTART 工具 > 设计" 选项卡下的 "SmartArt 样式" 组中单击 "更改颜色" 下三角按钮，如右上图所示。

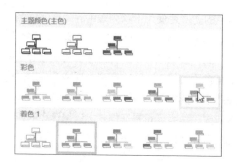 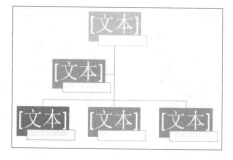

在展开的列表中单击"彩色"组中的"彩色范围–着色 5 至 6"样式，如左上图所示。此时的 SmartArt 图形效果如右上图所示。然后同样在设计选项卡下，单击"创建图形"组中的 "文本窗格" 按钮打开文本窗格。

 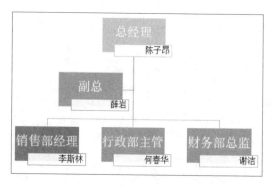

在弹出的文本窗格中按从上至下的层次输入职位，如左上图所示。此时在 SmartArt 图形中的相应位置显示了所输入的信息，然后在每个职位文本框右下角的小文本框中输入该职位的领导人姓名，结果如右上图所示。

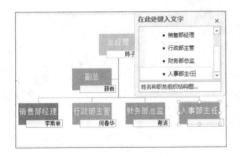 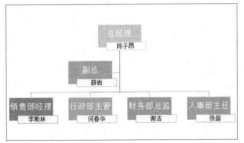

返回到文本窗格中，将光标定位在"财务部总监"位置后，然后按 Enter 键，窗格中立即新增一栏，在新增栏中输入"人事部主任"。文本窗格中新增一栏的同时 SmartArt 图形中也相应添加一个同样的形状，且显示了输入的信息，如左上图所示。再在新增的小文本框中输入主任的名字，然后将所有文本框中的文字居中对齐，结果如右上图所示。

思维拓展

在 SmartArt 图形中有各种各样的图形，如组织结构图、流程图、循环图等。其中组织结构图和流程图是常用的两种类型的图形。如右图所示，是企业招聘员工的一个大概流程。用 SmartArt 图形展示出的效果比纯粹的文字内容更吸引人的眼球，这也是实现轻阅读和快阅读的一种方式。

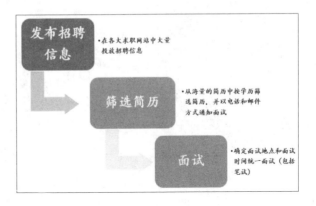

内容全面 基础理论知识、应用技巧以及在具体行业中的实际应用案例丰富，完全覆盖了Office软件应用中的重点和难点。云空间中海量教学视频，让读者能轻松扩展学习。

综合性强 详解 Office 软件基础操作、进阶技巧，大量实例基于自动化办公应用。

针对性强 专业、完整解析源于各行业实战经验的精选实例，真正实现"实战无忧"。

易学高效 从基础知识入手，动手操作加深理解应用，辅以技巧点拨，进一步提高工作效率。

适用广泛 适合初级从零起步，中级进阶提高，高级融会贯通。